新农村节能住宅建设系列丛书

节能住宅沼气技术

常　茹　主编

中国建筑工业出版社

图书在版编目（CIP）数据

节能住宅沼气技术/常茹主编．—北京：中国建筑工业出版社，2014.11

（新农村节能住宅建设系列丛书）

ISBN 978-7-112-17496-6

Ⅰ.①节… Ⅱ.①常… Ⅲ.①农村住宅-沼气利用
Ⅳ.①S216.4

中国版本图书馆CIP数据核字（2014）第269818号

本书共9章内容，第1章简要介绍了生物质能的形成、来源、应用技术及其发展前景，第2章至第8章分别介绍了沼气基础知识与沼气用具、户用沼气池技术、大中型沼气技术简介、沼气产品综合应用技术及生态农业模式、户用沼气池的使用与管理、沼气设施常见故障及解决措施、推行沼气技术的相关政策等。内容较为翔实，深入浅出，实用性较强。可作为广大农村沼气用户的技术资料，也可作为沼气技术培训教材，可供从事环境工程、农村能源、生态农业等专业的师生和技术人员参考。

*　　*　　*

责任编辑：张　晶　吴越恺
责任设计：董建平
责任校对：陈晶晶　关　健

新农村节能住宅建设系列丛书
节能住宅沼气技术
常　茹　主编

*

中国建筑工业出版社出版、发行（北京西郊百万庄）
各地新华书店、建筑书店经销
北京红光制版公司制版
北京建筑工业印刷厂印刷

*

开本：787×960毫米　1/16　印张：13¾　字数：230千字
2015年3月第一版　2015年3月第一次印刷
定价：**35.00**元

ISBN 978-7-112-17496-6
（26692）

序

本套丛书是基于“十一五”国家科技支撑计划重大项目研究课题“村镇住宅节能技术标准模式集成示范研究”(2008BAJ08B20) 的研究成果编著而成的。丛书主编为课题负责人、天津城建大学副校长王建廷教授。

该课题的研究主要围绕我国新农村节能住宅建设，基于我国村镇的发展现状和开展村镇节能技术的实际需求，以城镇化理论、可持续发展理论、系统理论为指导，针对村镇地域差异大、新建和既有住宅数量多、非商品能源使用比例高、清洁能源用量小、用能结构不合理、住宅室内热舒适度差、缺乏适用技术引导和标准规范等问题，重点开展我国北方农村适用的建筑节能技术、可再生能源利用技术、污水资源化利用技术的研究及其集成研究；重点验证生态气候节能设计技术规程、传统采暖方式节能技术规程；对村镇住宅建筑节能技术进行综合示范。

本套丛书是该课题研究成果的总结，也是新农村节能住宅建设的重要参考资料。丛书共 7 本，《节能住宅规划技术》由天津市城市规划设计研究院郑向阳正高级规划师、天津城建大学张戈教授任主编；《节能住宅施工技术》由天津城建大学刘戈教授任主编；《节能住宅污水处理技术》由天津城建大学文科军教授任主编；《节能住宅有机垃圾处理技术》由天津城建大学吴丽萍教授任主编；《节能住宅沼气技术》由天津城建大学常茹教授任主编；《节能住宅太阳能技术》由天津城建大学张志刚教授、魏璠副教授任主编；《村镇节能型住宅相关标准及其应用》由天津城建大学任绳凤教授、王昌凤副教授、李宪莉讲师任主编。

丛书的编写得到了科技部农村科技司和中国农村技术开发中心领导的

大力支持。王喆副司长，于双民处长和王俊副处长给予了多方面指导，王喆副司长亲自担任编委会主任，确保了丛书服务农村的方向性和科学性。课题示范单位蓟县毛家峪李锁书记，天津城建大学的龙天炜教授、赵国敏副教授为本丛书的完成提出了宝贵的意见和建议。

丛书是课题组集体智慧的结晶，编写组总结课题研究成果和示范项目建设经验，从我国农村建设节能型住宅的现实需要出发，注重知识性和实用性的有机结合，以期普及科学技术知识，为我国广大农村节能住宅的建设做出贡献。

丛书主编：王建廷

前　言

沼气是可再生的清洁能源，既可替代秸秆、薪柴等传统生物质能源，也可替代煤炭等商品能源，而且能源利用效率明显高于秸秆、薪柴、煤炭等。

中国农业资源和环境的承载力十分有限，发展农业和农村经济，不能以消耗农业资源、牺牲农业环境为代价。农村沼气把能源建设、生态建设、环境建设、农民增收连接起来，促进了生产发展和生活文明。

发展农村沼气，是建设节约型社会和环境友好型社会的重要措施，是全面建设小康社会、推进社会主义新农村建设的重要手段。加快发展农村沼气，是构建和谐农村的有效途径，是中国能源战略的重要组成部分，对增加优质能源供应、缓解国家能源压力具有重大的现实意义。党的十六届五中全会明确提出“大力普及农村沼气，发展适合农村特点的清洁能源”。因此，大力发展适合新时期要求的新型农村清洁能源——沼气势在必行。

推广沼气技术，能够大大减轻农牧民劳动强度，减少炊事劳动时间，从根本上改善农村卫生环境状况，消除农牧民火灾隐患，农牧民生活质量将得到显著提高，而且农村牧区能源资源会得到合理开发利用，同时极大地调动广大农牧民学科学、用科学的积极性，提高劳动就业率。另外沼气产品的有效利用，使得耕地的有机质含量明显提高，封山育林成果进一步得到巩固，草原生态环境得以改善。

编写本书的主要目的在于普及沼气基础知识以及沼气池的管理和综合利用等实用技术，让农村沼气用户更好地掌握和使用沼气，使沼气产品更好地发挥其效能，避免安全事故的发生，但沼气知识的普及和应用并非纸上谈兵，是一个任重而道远的过程！我们的编写工作只是起到试金石的作用。

本书第1～4章、第5章第1～2节、第6～7章、第9章由天津城建大学常茹编写，第5章第3节、第8章由天津城建大学建筑设计研究院范国强编写，全书统稿由常茹完成。天津城建大学能源与安全工程学院硕士研究生曹为学、李自朋等参与了本书的资料收集并绘制了部分插图，在此一并表示感谢。在编写过程中力求概念明确、层次分明、重点突出、简单实用。因编写人员知识水平和实践经验有限，书中定有诸多不妥之处，恳请广大读者和专家批评指正。

目　录

1 生物质能概述

能源是人类赖以生存的物质基础，是国民经济的基本支撑。我国是能源消费大国，能源供应主要依靠煤炭、石油和天然气等化石能源，而化石能源资源的有限性及其开发利用过程对环境生态造成的巨大压力，严重制约着经济社会的可持续发展。在这种形势下，开发清洁的可再生能源已成为我国能源领域的一个紧迫课题。其中生物质能储量在全球十分丰富，是一种重要的可持续发展的可再生能源。我国是一个世界上最大的以农业为主的国家，具有极为丰富的生物质能资源。利用来源广泛、形式多样的生物质资源，为我国农村能源乃至国家能源安全提供保障，将是未来我国能源战略的重要内容。

中国政府及有关部门对生物质能源利用也极为重视，已连续在四个国家五年计划中将生物质能利用技术的研究与应用列为重点科技攻关项目，开展了生物质能利用技术的研究与开发，如户用沼气池、节柴炕灶、薪炭林、大中型沼气工程、气化与气化发电、生物质燃料技术等，取得了多项优秀成果。政策方面，2005 年 2 月 28 日，第十届全国人民代表大会常务委员会第十四次会议通过了《可再生能源法》，2006 年 1 月 1 日起已经正式实施，并于 2006 年陆续出台了相应的配套措施。

胡锦涛总书记曾指出："加强可再生能源开发利用，是应对日益严重的能源和环境问题的必由之路，也是人类社会实现可持续发展的必由之路。"《国民经济和社会发展第十一个五年规划纲要》明确提出，要"加快开发生物质能"。《中共中央国务院关于积极发展现代农业 扎实推进社会主义新农村建设的若干意见》中提出，"以生物质能源、生物质产品和生物质原料为主要内容的生物质产业，是拓展农业功能、促进资源利用的朝阳产业"，"启动农作物秸秆固化成型燃料试点项目"，"鼓励有条件的地方利用荒山、荒地等资源，发展生物质原料作物种植"。这表明中国政府已在法律上明确了可再生能源包括生物质能在现代能源中的地位，并在政策上给予了巨大优惠支持，因此，中国生物质能发展前景和投资前景极为广阔。

1.1 生物质能的形成与来源

生物质是指通过光合作用而形成的各种有机体，包括所有动植物和微生物。生物质能是以生物质为载体，蕴藏在生物质中的能量。

1.1.1 生物质能的形成

生物质能直接或间接地来源于绿色植物的光合作用，通过叶绿素将太阳能转化为化学能而储存在生物质内部的能量，包括由生物质转化而来的现代能源载体。也可以说生物质能是太阳能以化学能形式储存在生物质中的能量形式，可转化为常规的固态、液态和气态燃料，替代煤炭、石油和天然气等化石燃料，生物质能是唯一一种可再生的碳源。从广义上讲，生物质能是太阳能的一种表现形式。

光合作用是绿色植物通过叶绿体利用太阳能把二氧化碳和水合成为储存能量的有机物，并且释放出氧气的过程。

从光合作用的全过程来看，可将光合作用分为两个阶段，一个是光反应阶段，在叶绿体内基粒的囊状结构上进行，首先将水分子分解成 O 和 H，释放出氧气；然后在光照下将二磷酸腺苷（简称 ADP）和无机磷合成为游离核苷酸（简称 ATP）。另一个是暗反应阶段，即没有光能也可进行的化学反应，在叶绿体内的基质中进行，首先是二氧化碳的固定，二氧化碳与五碳化合物结合，形成三碳化合物，其中一些三碳化合物接受 ATP 释放的能量，被氢还原，再经过一系列复杂的变化，形成糖类，ATP 中活跃的化学能转变为糖类等有机物中稳定的化学能。

生物质能与煤、石油和天然气等化石能源不同，它是来自新近生存过的生物。生物质能是一种取之不尽、用之不竭的可再生能源。在世界能耗中，生物质能约占 14%，在不发达地区占 60%以上。可以说，全世界约 25 亿人的生活用能 90%以上来自于生物质能。生物质能的优点是燃烧容易，污染少，灰分较低；缺点是发热量及热效率低，直接燃烧生物质的热效率仅为10%～30%，而且生物质能体积大，不易运输。

1.1.2 生物质能的来源

生物质能有两大主要来源，一个是为了获取生物质能而专门种植的农林作物，可称之为能源作物；另一个就是废弃物，包括农林业、工业和人们生活中的废弃物等。

1. 能源作物

能源作物是指经专门种植用以提供能源原料的草本和木本植物，包括农作物和林业作物两种。

（1）农作物

我国有大量不适于粮食生产但可种植高抗逆性能源作物的荒山、荒坡和盐碱地等边际性土地，选择适合不同生长条件的品种进行培育和繁殖，可获得高产能源作物，并大规模转化为燃料乙醇和生物柴油等液体燃料。我国可转换为能源用途的作物和植物品种有200多种，目前适宜开发用于生产燃料乙醇的农作物主要有甘蔗、甜高粱、木薯、甘薯、玉米、马铃薯等，其中玉米、马铃薯用于生产燃料乙醇时，容易影响国家粮食安全，故不宜作为主要品种开发，用于生产生物柴油的农作物主要有油菜等。

1）甘蔗

甘蔗属于多年生热带和亚热带草本作物，以南、北回归线之间为最适宜生长区，可用于制糖和生产燃料乙醇。今后利用甘蔗发展燃料乙醇的潜力主要来自三个方面：一是甘蔗糖料生产过程中产生的副产品糖蜜，2005年至2006年度制糖期，我国甘蔗种植面积约2000万亩，产量约8600万t，产糖1000万t左右，副产糖蜜约340万t，可以生产燃料乙醇80万t左右，折合标准煤110万t左右；二是走以糖为主、糖能互动发展之路。目前，我国甘蔗亩产仅为4.3t左右，单产提升空间较大，有关科研单位已经选育出亩产6～7.5t的糖能兼用品种，若大面积种植，将大幅度提高甘蔗产量，不仅可以进一步保障食糖原料供应，还为生产燃料乙醇提供更多保障条件，实现糖能互动联产；三是适当开发南方宜蔗土地新增的甘蔗。我国广西、广东、海南、云南等省区尚有0.1亿亩的宜蔗土地，若其中一半土地种植糖能兼用甘蔗，按亩产 6t 计算，可生产 3000 万 t 左右的甘蔗，将产出 200 万 t 以上燃料乙醇，折合 285 万 t 标准煤。

2）甜高粱

甜高粱具有耐干旱、耐水涝、抗盐碱等多重抗逆性，素有“高能作物”之称，亩产 300～400kg 粮食以及 4t 以上茎秆，茎秆汁液含糖量 16%～20%左右，每 16～18t 茎秆可生产 1t 燃料乙醇。目前在我国种植规模不大，且比较分散，北京、天津、河北、内蒙古、河南、山东、辽宁、吉林、黑龙江、陕西、新疆维吾尔自治区等省份都有种植。若开发我国现有 1.5 亿亩盐碱地的 1/5 用于种植甜高粱，按一般农田产量的 50%计，收获甜高粱茎秆 6000 万 t，可生产 350 万 t 左右燃料乙醇，折合标准煤 500 万 t 左右。

3）木薯

木薯具有易栽、耐旱、耐涝、高产等特点，适合在热带、亚热带地区种植，主要分布在广西、广东、海南、福建、云南、湖南、四川、贵州、江西等九省（区），但木薯亩产仅为 1.1t，如采用优质木薯品种，并加强田间管理和水肥到位，亩产可达 3～5t。鲜木薯的淀粉含量在 30%～35%左右，约 7t 鲜薯可生产 1t 燃料乙醇。目前，广西、广东、海南、福建、云南等省份仍有荒地、裸土地及后备宜林、宜农、宜牧荒山等未利用土地约 2 亿亩，若开发 1/5 用于种植木薯，按亩产 2t 计算，可收获 8000 万 t，生产燃料乙醇约 1000 万 t，折合 1430 万 t 标准煤。

4）甘薯

甘薯具有耐旱、抗风、病虫害少等特性，能适应贫瘠土地。鲜甘薯淀粉含量在 18%～30%之间，约 8t 甘薯可生产 1t 燃料乙醇，但因回收季节在秋冬季，易冻伤和腐烂，目前约有 20%左右的甘薯在储存过程中损耗，若及时加工，可有效提高燃料乙醇的生产效率。

5）油菜

油菜是主要油料作物之一，适应范围广，发展潜力大。我国长江流域、黄淮地区、西北和东北地区都适宜油菜生长，适宜区域的耕地面积在 15 亿亩以上。2005 年我国油菜籽种植面积 1.1 亿亩，年产量约 1300 万 t。目前，我国南方水田区有冬闲田约 0.6 亿亩，南方丘陵耕地、北方灌区、北方旱作耕地也存在不同类型的季节性闲地约 0.8 亿亩。油菜亩产菜籽 120kg，平均产油率 30%。如利用上述土地的 50%种植油菜，菜籽产量可达到 840 万 t，可生产生物柴油约 250 万 t，折合标准煤 350 万 t 左右。

（2）林业作物

传统的林业作物需要很长的生长周期，而专门用来获取能量的林业作物生长周期要短得多，这种作物只需 2～4 年的生长之后就可将其树干砍下作为生物质资源，而树桩还会继续生长，这个循环大约能持续 30 年。

林业作物最典型的应用就是提供热量，如瑞典就有 1.8 亿 m^2 的能源作物用来提供热量。林业作物既可单独作为能源来使用，也可与煤炭等其他能源一起使用。在英国 North Yorkshire 即将建成的 ARBRE 发电厂是世界上最先进的利用能源作物的电厂之一，它是将生物质汽化后再进行利用。在美国、澳大利亚和新西兰，比较常见的能源作物是桉树，利用的土地都是尽量选择退化荒废的土地。

我国国家林业局于 2008 年 1 月 22 日发布的《中国林业与生态建设状况公报》中表示，中国将大力发展林业生物质能源。《公报》中指出，发展林业生物质能源，主要是通过工业化利用途径，将富含油脂、木质纤维及非食物类果实淀粉的林木生物质材料转化为多种形式的能源产品和生物基产品，包括生物柴油和燃料乙醇、固体成型燃料、气体燃料、直燃发电以及生物塑料等。

中国现有的灌木林、薪炭林、林业剩余物中，每年可提供发展林业生物质能源的生物量为 3 亿 t 左右，折合标准煤约 2 亿 t，如全部得到利用，能够减少十分之一的化石能源消耗；如刺槐、沙棘、柽柳等资源，通过平茬收割可作为燃料，用于生物发电或加工固体成型燃料。此外，中国木本油料树种总面积超过四百万公顷，种子含油量在百分之四十以上的植物有一百五十四种。目前，具有良好的资源和技术基础并可规模化培育的油料能源树种约有十种，如文冠果、油桐、乌桕、石栗树等。其中，麻疯树栽培二至三年即可结果，结果期长达三十至五十年，其果实平均含油率为 40%左右，每亩果实产量达 200kg，可生产生物柴油 60kg 左右。

为大力发展林业生物质能源，提升可再生能源比重，促进节能减排降耗，推动生态文明建设，中国国家林业局成立了林业生物质能源领导小组及其办公室，并将规模化培育能源林列入“十一五”林业发展规划，编制了《全国能源林建设规划》、《林业生物柴油原料林基地“十一五”建设方案》。为逐步建立从原料培育、加工生产到销售利用的“林油一体化”、“林电一体化”发展模式，中国国家林业局先后与中国石油、中粮集团、国家电网公司等开展了合作。2007年已在云南、四川、湖南、安徽、河北、内蒙古、陕西等省区合作建设油料能源林基地一百万亩，并积极推动林业生物柴油加工业的发展。国家电网公司所属的国能生物发电公司在山东省建立的以林木质为主要原料的生物发电厂已投产运行，并着手在黑龙江省、内蒙古自治区等地建设林木质生物发电厂。

2. 废弃物

废弃物包括林业废弃物、农业废弃物、动物排泄物、城市生活垃圾以及工业废弃物等。无论是农林业废弃物还是工业废弃物，都是生物质能的潜在来源。它们含有丰富的有机物，可以直接将其燃烧便能得到能量。当然工业废弃物中也含有塑料等一些不容易燃烧或降解的物质，所以能否将废弃物都称为可再生能源还存在一些争议。

(1) 林业废弃物

在砍伐和加工树木的同时，总会产生大量的木屑、锯末、刨花等，甚至是整块的木头被遗弃，如果不加以利用，它们在自然界中就会腐化成为其他作物的养料，同时也会散发大量的气体，污染大气环境。随着科技的进步，许多国家都开始利用这些废弃物来发热、发电，如澳大利亚有6%的电量就是利用林业废弃物来作为动力进行发电而供应给用户的。

(2) 农业废弃物

农业废弃物是指农业生产、农产品加工、畜禽养殖业和农村居民生活排放的废弃物的总称，农业废弃物种类多种多样，但按其成分，主要包括植物纤维性废弃物和人粪尿与畜禽粪便两大类。其中植物纤维性废弃物主要包括农作物秸秆、农产品加工业废弃物等。

1) 农作物秸秆

我国的农作物秸秆主要分布在河北、内蒙古、辽宁、吉林、黑龙江、江苏、河南、山东、湖北、湖南、江西、安徽、四川、云南等粮食主产区，单位国土面积秸秆资源量高的省份依次为山东、河南、江苏、安徽、河北、上海、吉林、湖北等省。依据《全国农业和农村经济发展第十一个五年规划》提出的主要农产品发展目标测算，预计到2015年我国主要农作物秸秆产量将达到9亿t左右，其中约一半可作为农业生物质能的原料。

2）农产品加工业废弃物

农产品加工业废弃物主要包括稻壳、玉米芯、甘蔗渣等，大多来源于粮食加工厂、食品加工厂、制糖厂和酿酒厂等，数量巨大，产地相对集中，易于收集处理。其中，稻壳是稻谷加工的主要剩余物之一，占稻谷重量的20%，主要产于东北地区和湖南、四川、江苏、湖北等省；玉米芯是玉米穗脱粒后的穗轴，约占穗重的20%，主要产于东北地区和河北、河南、山东、四川等省；甘蔗渣是蔗糖加工业的主要副产品，蔗糖与蔗渣各占50%，主要产于广东、广西、福建、云南、四川等省区。稻壳和玉米芯可通过固化成型转化成为固体燃料、甘蔗渣可通过发电等方式提高利用效率。2005年上述副产品的总量超过1亿t，经充分利用可生产0.31亿～0.67亿t标准煤的能源。

此外，我国作为世界最大的棉花生产国，每年棉籽产量1300万t，可产棉籽油200万t左右，由于近年来我国豆油产量迅猛增长，棉籽油消费量萎缩，大量的棉籽没有充分利用，为生物柴油提供了一条重要的原料来源。

3）畜禽粪便

畜禽粪便是畜禽排泄物的总称，它是其他形态生物质（主要是粮食、农作物秸秆和牧草等）的转化形式，包括畜禽排出的粪便、尿及其与垫草的混合物。畜禽粪便是一种重要的生物质能源，除在牧区有少量的粪便直接燃烧外，禽畜粪便主要是作为沼气的发酵原料。

截止到2005年，全国有生猪分散养殖户0.9亿户，奶牛、肉牛养殖户0.157亿户，蛋肉鸡养殖户0.85亿户，羊养殖户0.26亿户。综合考虑混合养殖、气候和社会经济等因素对利用畜禽粪便生产沼气的影响，约有1.48亿农户适宜发展沼气。考虑到城镇化和养殖业变化，预计到2015年我国适宜发展沼气农户为1.30亿户，沼气产量可达到502亿m^3，相当于替代7880万t标准煤。同时全国有猪、牛、鸡三大类畜禽规模化养殖场约391万处，其中，各类畜禽规模化养殖小区已达4万多个，存栏量约5.7亿头猪单位（30只蛋鸡折算成1头猪，60只肉鸡折算成1头猪，1头奶牛折算成10头猪，1头肉牛折算成5头猪），畜禽粪便资源的实物量为11.2亿t，理论上可生产670亿m^3的沼气。其中，大中型（养殖出栏3000头猪单位以上）约11952处，养殖量约7528万头猪单位，畜禽粪便资源的实物量为1.42亿t。根据全国畜牧业发展第十一个五年规划测算，预计到2015年，我国规模化养殖场畜禽粪便资源的实物量将达到32.5亿t，约可产出沼气1950亿m^3，相当于替代标准煤3.1亿t。

（3）城市固体废弃物及生活污水

城市固体废弃物主要是由城镇居民生活垃圾，商业、服务业垃圾和少量建筑业垃圾等固体废物构成。其组成成分比较复杂，受当地居民的平均生活水平、能源消费结构、城镇建设、自然条件、传统习惯以及季节变化等因素影响。

生活污水主要由城镇居民生活、商业和服务业的各种排水组成，如冷却水、洗浴排水、盥洗排水、洗衣排水、厨房排水、粪便污水等。工业有机废水主要是酒精、酿酒、制糖、食品、制药、造纸及屠宰等行业生产过程中排出的废水等，其中都富含有机物。

1.2　生物质能利用技术

生物质能源技术就是把生物质转化为能源并加以利用的技术，按照生物质的特点及转化方式可分为固体燃料生产技术、液体燃料生产技术、气体燃料生产技术。生物质固体燃料技术包括生物质成型技术、生物质直接燃烧技术和生物质与煤混烧技术，是广泛应用且非常成熟的技术，生物质常温成型技术代表着固体生物质燃料的发展趋势；液体生物燃料包括燃料乙醇、生物柴油，生物质经气化或液化过程再经化学合成得到的生物燃油BtLF（Biomass to Liquid Fuel），液体生物燃料可以替代石油作为运输燃料，不仅能解决能源安全问题，还有利于减少温室气体排放，还可以作为基本有机化工原料，代表着生物能源的发展方向；气体生物燃料包括沼气、生物质气化、生物质制氢等技术，工业化生产沼气以及沼气净化后作为运输燃料GtLF（Gas to Liquid Fuel），是近期内发展气体生物燃料的现实可行技术。

1.2.1　生物质固体燃料

生物质成型燃料的燃烧技术就是把生物质固化成型后，供给略加改进的传统燃煤设备而加以燃用，该技术将低品位的生物质转化为高品位的、易储存、易运输、能量密度高的生物质颗粒状或块状燃料，热利用效率显著提高，能效可达45%（如瑞典的 Kcraft 热电工厂），可超过一般煤的能效。欧洲在生物质成型燃料方面起步较早，900 万人口的瑞典年颗粒燃料使用量为 120 万 t，瑞典 20%集中供热是生物质颗粒燃料完成的，600 万人口的丹麦年消费成型燃料 70 万 t。瑞典还开发了生物质与固体垃圾共成型燃烧技术，解决了垃圾燃烧有害气体二噁英（Dioxin）超标问题。

1. 生物质固体燃料生产技术

目前国内外普遍使用的生物质压缩成型工艺流程如图 1-1 所示。压缩技术主要包括螺旋挤压式成型技术、活塞冲压式成型技术和压辊式成型技术，其中前两种技术发展较快，技术比较成熟，应用较广。但一般的成型技术需要将生物质加热到 80℃以上才能使其成型，所以能耗较高，增加了生物质成型燃料的成本。

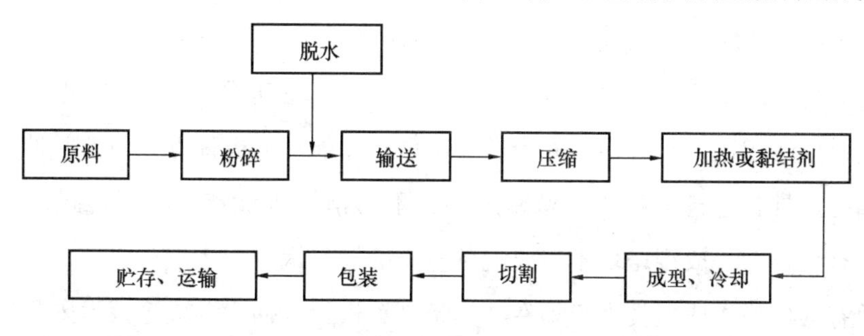

图 1-1 生物质燃料压缩成型一般工艺流程

螺旋挤压式成型机利用螺杆挤压生物质，靠外部加热维持成型温度为 150～300℃，使木质素、纤维素等软化，挤压成生物质压块，但启动时成型部件和物料温度低于成型温度，因此需要用加热元件加热成型部件。螺旋挤压式成型机的特点是运行平稳，生产连续性好，但存在螺杆磨损严重，使用寿命短，而且单位产品能耗高等因素限制了它的发展。

活塞冲压式成型机利用冲杆或活塞高速运动，产生的冲压力将生物质压缩成型，工作时不需要外部加热，但成型密度低，容易松散。根据驱动力不同，分为机械驱动式活塞成型机和液压驱动式成型机。机械式驱动式采用发动机或电动机通过曲柄连杆机构带动冲杆做高速往复运动，产生冲压力将生物质压缩成型。与螺旋挤压式成型机相比，活塞冲压式成型机明显改善了成型部件磨损严重的现象，其使用寿命有了很大的提高，而且单位产品能耗也有较大幅度的下降。但存在较大的振动负荷，造成机器运行稳定性差、噪音较大及润滑油污染较严重等问题。液压驱动式成型机采用液压缸驱动活塞代替曲柄连杆机构带动冲杆，其运行稳定性有了很大的改善，产生噪音相应降低了很多。但由于液压驱动活塞运动速度较低，其产量受到一定的限制。

压辊式成型机的基本工作部件由压辊和压模组成，其中压辊可以绕自己的轴转动，压辊的外周加工有齿或槽，用于压紧原料而不致打滑。根据压模形状的不同分为环模式成型机和平模式成型机，主要用于生产生物质颗粒燃料，具有构造简单、结构紧凑、使用方便等特点。但存在噪声大、振动大等问题，并且生产的颗粒燃料需要配备专用的燃烧锅炉。从产品的需求、生产率、能耗、操作环境等因素考虑，相关研究提出了液压驱动式三向分时施压成型法。其工作原理是在 X 轴方向采用进料压缸推动进料滑块实现进料并预压，Y 轴方向上采用压缩成型压缸推动压缩滑块实现压缩成型，Z 轴方向上柱塞缸施压实现保压成型，三个方向上的压力全由液压系统提供，且是分时施压。液压驱动式三向施压成型法与螺旋挤压式成型法相比，具有使用寿命长、单位产品能耗低等优点；与活塞冲压式成型法相比，具有运行平稳、成型密度高、不易松散等优点；与压辊式成型法相比，具有噪音低、成型压块不需要配备专用的燃烧锅炉等优点。

现有的生物质成型技术必须在加热条件下进行，而常温成型技术则打破了这一传统概念，为生物质低成本、高效利用打开了方便之门，不仅可以生产高效固体清洁燃料，而且提高了生物质的能量密度，方便运输，可以作为液体燃料和生物化工产品的生产原料。成型燃料技术还解决了直接燃烧能效低的问题，使颗粒燃料可以在千家万户作为炊事、取暖燃料，而以往的生物质直燃技术只适用于大型锅炉系统，小型直燃系统能效仅为 10%～15%，且因燃烧不完全造成环境污染，故而成型燃料技术使生物质大大拓宽了推广范围。

目前，中国（清华大学）和意大利（比萨大学）两国分别开发出生物质常温（<40℃）成型技术，使生物质成型燃料的成本显著降低，为生物质成型燃料的广泛应用奠定了基础。生物质材料的力传导性极差，但通过缩短力传导距离，给其一个剪切力，可使被木质素包裹的纤维素分子团错位、变形、延展，在较小的压力下，可使其相邻相嵌、重新组合而成型，利用这一理论制造的机械设备，可

以使燃料实现自然含水率，且不用任何添加剂、黏结剂，就可使生物质在常温下即可压缩成型。但是，在原料脱水预处理、提高单机生产能力方面尚需做大量的研发工作。

2. 生物质直接燃烧技术

生物质水分较高，有的高达60%左右，发热量较低，燃烧过程还要考虑结渣和腐蚀等问题。芬兰从1970年就开始开发流化床锅炉技术，现在这项技术已经成熟，并成为生物质燃烧供热发电工艺的基本技术。这种技术在大规模条件下效率较高，单位投资也较合理。但它要求生物质集中，数量巨大。如果考虑生物质大规模收集或运输，成本也较高，该技术比较适合于现代化大型农场或大型加工厂的废物处理，不适合生物质较分散的发展中国家进行推广使用。

直接燃烧作为能源转化形式是一项传统的技术，具有低成本、低风险等优越性，但效率相对较低，还会因燃烧不充分而污染环境。锅炉燃烧采用现代化的锅炉技术，适用于大规模利用生物质；垃圾焚烧也采用锅炉燃烧技术，但由于垃圾的品位低及腐蚀性强等原因，对技术水平和投资的要求高于锅炉燃烧。通过技术改进，生物质直接燃烧的能效已显著提高，直接燃烧的能效已达30%（如丹麦的秸秆发电厂，瑞典的Umea Energy垃圾热电厂）。美国生物质直接燃烧发电约占可再生能源发电量的70%，2004年美国生物质发电装机容量为9799MW，发电370亿kW·h。

一般生物质直接燃烧发电的过程包括生物质与过量空气在锅炉中的燃烧，热烟气与锅炉的热交换部件进行换热，生产出的高温高压蒸汽在蒸汽轮机中膨胀做功来产生电能。根据不同的技术路线，发电设备可分为汽轮机、蒸汽机和斯特林发动机等。意大利开发了适合村镇使用的小型生物质发电（Village power plant）技术，其工作原理为燃烧秸秆或木屑放出热量加热锅炉，锅炉中的介质是油而不是通常的水，再通过油加热有机硅油产生蒸汽驱动透平机发电，该系统热能利用率比普通系统高5%以上，已在德国使用。

3. 生物质与煤混烧技术

现有电厂利用木材或农作物的残余物与煤的混合燃烧是比较现实的技术，除了能够提高农林废弃物利用率外，还可以降低燃煤电厂NO_x的排放。从20世纪90年代起，丹麦、奥地利等欧洲国家开始对生物质能发电技术进行开发和研究。

经过多年的努力，已研制出用于木屑、秸秆、谷壳等发电的锅炉。在美国，有300多家发电厂采用生物质能与煤炭混合燃烧技术，装机容量达6000MW。中国已有多家锅炉厂家生产生物质和煤混烧的链条炉和流化床炉，分别在东南亚国家和中国广东等省运行。

1.2.2　生物质液体燃料

1973年第一次石油危机后，人类就在寻找可以替代石油的燃料，而生物质液体燃料正是理想的选择，它来源于可再生资源，温室气体的净排放量几乎为零，而且还可以替代石油生产人类所需的化学品。目前生物质液体燃料主要被用于替代化石燃油作为运输燃料，如替代汽油的燃料乙醇和替代石油基柴油的生物柴油。而生物柴油又分从植物油得到的生物柴油和通过气化或液化得到的生物燃油BtL，生物燃油BtL技术被认为是最有前途的生物质液体燃料技术。欧盟委员会积极推进生物燃料发展，美国正在运筹通过法律手段强制在运输燃料中添加生物燃料，具体比例是柴油中添加2%生物柴油，汽油中添加5%燃料乙醇；英国政府制定了相应的计划要求生产运输燃油的能源企业必须有一定比例的原料来自于可再生资源，并且其比例将逐年提高。

利用生物质制取液体燃料以替代供应日益紧张的石油是生物质能应用的一个重要方向，下面主要介绍生物质液体燃料的制取方法，包括发酵法制取乙醇燃料技术、生物柴油技术和热裂解技术。

1. 乙醇燃料

乙醇燃料是一种不含硫及灰分的清洁能源，可以直接替代汽油、柴油等石油燃料，作为民用燃料烧或内燃机燃料。实际上，纯乙醇或与汽油的混合燃料可作车用燃料，最易实现工业化，并与现代工业应用及交通设施接轨，是最有发展潜力的石油替代燃料。

从20世纪70年代起，巴西首先开始用燃料乙醇部分替代汽油，已经成为当今世界上最大的燃料乙醇生产和消费国，也是唯一不使用纯汽油燃料的国家。美国在20世纪70年代末，制定了“乙醇发展计划”，开始大力推广车用乙醇汽油，2004年美国的燃料乙醇产量达到35亿加仑，还进口了1.3亿加仑；到2005年全国已有500万辆以燃料乙醇为燃料的汽车。目前，中国的燃料乙醇产量仅次于巴西、美国，居世界第3位，年产量为102万t。燃料乙醇是目前最现实可行的替代石油燃料，进入新世纪以来各国都在积极发展燃料乙醇产业。美国2005年8月颁布的《能源法案》中宣布，美国计划到2012年生产2200万t燃料乙醇，到2025年以减少从中东地区进口石油的75%。

(1) 乙醇的生产方法

乙醇的生产方法有发酵法和化学合成法两大类，其中发酵法生产乙醇工艺根据生产中所用主要原料的不同分为多种类型，如淀粉质原料生产乙醇、糖质原料生产乙醇、纤维素原料生产乙醇以及用工厂废液生产乙醇等。化学合成法生产乙醇是用石油裂解产出乙烯气体来合成乙醇，包括乙烯直接水合法、硫酸吸附法和乙炔法等方法，其中乙烯直接水合法工艺应用较多，它是以磷酸为催化剂，在高温高压条件下将乙烯和水蒸气直接反应成乙醇。合成乙醇在国外约占乙醇总产量的20%左右，我国乙醇生产以发酵法为主。

(2) 生产乙醇的主要原料

用于乙醇生产的主要原料有淀粉质原料、糖质原料、纤维素原料等类型，此外还包括相关工业的加工副产品等其他原料。淀粉质原料是我国乙醇生产中最主要的原料，包括甘薯、木薯、玉米、马铃薯、大麦、大米、甜高粱等。糖质原料主要有甘蔗、甜菜、糖蜜等，糖蜜是制糖工业的副产品，甜菜糖蜜的产量是加工甜菜量的3.5%～5%，甘蔗糖蜜的产量是加工甘蔗量的3%左右。包括半纤维素在内的纤维素原料是地球上最有潜力的乙醇生产原料，主要有农作物秸秆、森林采伐和木材加工剩余物、柴草、造纸厂和制糖厂含有纤维的下脚料、部分城市固体垃圾等。其他原料如造纸厂的亚硫酸盐纸浆废液、淀粉厂的甘薯淀粉渣和马铃薯淀粉渣、奶酪工业的副产品等。

表1-1给出几种不同原料生产的乙醇产量。

不同原料生产的乙醇产量 **表 1-1**

原 料	乙醇产量/(L/t)	原 料	乙醇产量/(L/t)
玉米	370	木料	160
甜土豆	125	糖蜜	280
甘蔗	70	甜高粱	86
木薯	180	鲜甘薯	80

（3）乙醇发酵工艺类型

按发酵过程原料的存在状态，发酵法可分为固体发酵法、半固体发酵法、液体发酵法。根据发酵醪注入发酵罐的方式不同，将发酵方式分为间歇式、半连续式和连续式三种类型。固体发酵法和半固体发酵法主要采取间歇式发酵方式，液体发酵则可采取间歇式、半连续式或连续发酵等方式，乙醇发酵工艺类型如图 1-2 所示。

目前，固体发酵法和半固体发酵法在我国主要用于白酒的生产过程，一般产量小，生产工艺较古老，劳动强度大。而在现代化大生产中，基本上采用液体发酵法生产乙醇，与固体发酵法相比，具有生产成本低、生产周期短、连续化、设备自动化等优点，能大大减轻劳动强度。

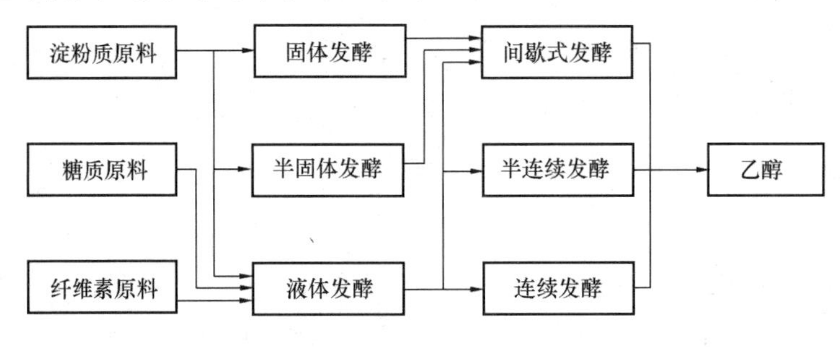

图 1-2　乙醇发酵工艺类型

目前乙醇的生产成本较高，如何降低乙醇成本并使之能与石油基燃料产品在价格上竞争是世界性的难题，其中原料成本占产品总成本的 70%左右，能耗也是构成成本的重要因素。这两个影响乙醇成本的关键因素，已成为各国研究开发的热点。一些技术即将应用于工业化生产，包括非粮食原料生产乙醇技术、乙醇生产节能技术、纤维素乙醇生产技术等。

2. 生物柴油

生物柴油是燃料乙醇以外的另一种生物质液体燃料，它是以各种油脂，包括植物油、动物油脂、废餐饮油等为原料，经一系列加工处理过程而生产出的液体燃料，是优质的石油和柴油代用品。

天然油脂多由直链脂肪酸的甘油三酯组成，与甲醇酯交换后，分子量降至与柴油接近，从而使其具有更接近于柴油的性能，十六烷值高，润滑性能好，是一种优质清洁柴油，同时这些长链脂肪酸单烷基酯可生物降解，高闪点，无毒，VOC 低，具有优良的润滑性能和溶解性，所以也是制造可生物降解高附加值精细化工产品的原料。生物柴油在欧盟已大量使用，2004 年欧盟的生物柴油产量为 224 万 t，仅德国就已有 1800 个加油站供应生物柴油，并已颁布了德国工业标准——EDIN51606。美国试图通过立法，在全国的柴油中添加 2%的生物柴油。马来西亚大力推进以棕榈油为原料生产的生物柴油，生产潜力达 2000 万 t/年；印度正积极开发麻疯果生物柴油，将在 5～10 年内达到 1000 万 t/年的生产能力，英国石油 BP 已介入印度的麻疯果生物柴油产业。

德国鲁奇（Lurgi）公司采用的是两级连续醇解工艺，油脂转化率高达 96%，过量的甲醇可以回收继续作为原料进行反应。德国斯科特（Sket）公司采用的是连续脱甘油醇解工艺，可以使醇解反应平衡不断向右移动，从而获得极高的转化率。鲁奇的两级连续醇解工艺和斯科特的连续脱甘油醇解工艺在欧洲和美国均有每年 10 万 t 级别的工业化生产装置，这两种工艺都在常压下进行，均加工精炼油脂，其优点是工艺成熟，可间歇或连续操作，反应条件温和，适合于优质原料的生产过程；缺点是原料需精制，控制酸值小于 0.5，工艺流程复杂，甘油回收能耗高，三废排放多，腐蚀严重。德国汉高（Henkel）公司开发了碱催化型连续高压醇解工艺，该工艺的醇解温度为 220～240℃，压力为 9～10MPa，原料中甘油三酸酯的转化率接近 100%，游离脂肪酸大部分可以与甲醇发生酯化反应而生成脂肪酸甲酯。此工艺的优点是可使用高酸值原料，催化剂用量少，工艺流程短，适合规模化连续生产；缺点是反应条件苛刻，对反应器要求高，甘油回收能耗较高。

我国主要以高酸值的废弃油脂为原料，大多采用硫酸、有机磺酸等液体酸催化剂进行酸催化的酯化一酯交换制备生物柴油，中石化开发了基于超临界的生物柴油生产技术，即将工业化。

3. 生物质裂解油

生物质热裂解也称生物质热解，是指生物质在基本无氧气的条件下，通过热化学反应，生成炭、液体和气体产物的过程，与煤炭热裂解原理基本相同。生物质裂解油通过热裂解技术获得，也称为生物质油。

根据生物质的加热速率和完成反应所用时间长短来分，生物质热裂解工艺基本上可分为两种类型：一是慢速热裂解，或称干馏工艺、传统热裂解；二是快速热裂解。生物质慢速热裂解过程大致可分为四个阶段，各反应阶段之间的过程是连续进行的。

（1）干燥阶段。靠外部供热反应釜中的物料升温至 150℃左右，物料中的水分蒸发出来，而物料的化学组分几乎不变。

（2）预热裂解阶段。当继续加热温度上升至 150～300℃时，物料的热分解反应比较明显，化学组分开始发生变化，不稳定的成分分解成二氧化碳、一氧化碳和少量醋酸等物质。

（3）固体分解阶段。当温度升至 300～600℃时，物料发生了各种复杂的物理、化学反应，生成大量的液体产物和气体产物。液体产物中含有醋酸、木焦油和甲醇；气体产物中有二氧化碳、一氧化碳、甲烷、氢气等，可燃成分含量增加。此过程是热裂解的主要阶段，将放出大量的热量。

（4）煅烧阶段。随着温度的持续升高，碳氢键和碳氧键进一步裂解，排出残留在木炭中的挥发性物质，提高木炭中固定碳的含量。

快速热裂解的反应过程与慢速热裂解基本相同，只是所有反应是在极短的时间内完成的，比较难以区分。一般认为，生物质原料快速产生热裂解产物，迅速淬冷，使初始产物没有机会进一步降解成小分子不冷凝气体，而增加生物质油的产量，得到黏度和凝固点较低的生物质油。

生物质热裂解液化反应产生的生物质油通过进一步分离，不仅可作为锅炉和其他加热设备的燃料，再经处理和提炼可作内燃机燃料，还可用来提取化工产品。从寻求替代石油的原料角度考虑，近十几年，世界上许多国家都很重视生物质快速热裂解的研究，成为生物质能转换的前沿技术。

生物质油是一种有色液体，其颜色与原料种类、化学成分以及含有细炭颗粒的多少有关，从暗绿色、暗红褐色到黑色。它具有独特的气味，似含有酸的烟味。化学组成主要是解聚的木质素、醛、酮、羧酸、糖类和水，其成分非常复杂。生物质油组成成分的外部影响因素是原料的种类，内部影响因素是反应温度、升温速率、蒸汽在反应器中的停留时间、冷凝温度、降温速率等。

生物质油不能和甲苯、苯等烃类溶剂互溶，但可溶于丙酮、甲醇、乙醇等溶剂。生物质油含氧量和含水量均较高，以木屑为原料制取的生物质油含氧量在 35％以上，含水量在 20％以上。生物质油具有酸性和腐蚀性，性质不稳定，易于聚合。以木屑为原料制取的生物质油，其密度为 1130～1230kg/m^3；高位发热量为 17～25MJ/kg，属于中热值燃料。与石油相比，生物质油中的硫、氮含量低，并且灰分少，对环境污染较小。

1.2.3 气体生物燃料

气体生物燃料包括沼气、生物质气化、生物质制氢等，将沼气净化后可作为运输燃料 GtLF（Gas to Liquid Fuel）。

1. 沼气与 GtLF

沼气是指有机物质（如作物秸秆、杂草、人畜粪便、垃圾、污泥及城市生活污水和工业有机废水等）在厌氧条件下，通过种类繁多、数量巨大、功能不同的各类微生物的分解代谢，最终产生出以甲烷（CH_4）为主要成分的气体，此外还有少量其他气体，如水蒸气、硫化氢、一氧化碳、氮气等。沼气发酵过程一般可分为三个阶段，即水解液化阶段、酸化阶段和产甲烷阶段，沼气发酵包括小型户用沼气池技术和大中型厌氧消化技术。

瑞典在沼气开发与利用方面独具特色，利用动物加工副产品、动物粪便、食物废弃物生产沼气，还专门培育了用于产沼气的麦类植物，产气率达 300L/kg 底物，沼气中含甲烷 64%以上。瑞典由麦类植物生产沼气，除沼气被用做运输燃料外，所产生的沼肥又被用于种植。瑞典 Lund 大学开发了“二步法”秸秆类生物质制沼气技术，并已进行中间试验；还开发了低温高产沼气技术，可于 10℃条件下产气，产气率大于 200L/kg 底物。因瑞典没有天然气资源，就用沼气替代天然气。斯德哥尔摩市居民使用的煤气就是厌氧消化处理有机废弃物后得到的沼气，将沼气净化去除 CO_2 等杂质后，甲烷纯度达到 97%～98%，再经压缩（Gas to Liquid Fuel，GtLF）得到车用甲烷供甲烷汽车使用，还有 1 列斯德哥尔摩至海滨的火车使用沼气燃料。

目前我国农村生态农业模式技术通过沼气微生物发酵把种植、养殖有机地结合在一起，延长了食物链条，大大提高了资源的利用效率。如农作物秸秆通过沼气发酵可以使其能量利用效率比直接燃烧提高 4～5 倍，其沼液、沼渣作饲料可以使其营养物质和能量的利用率增加 20%；通过厌氧发酵过的粪便（沼液、沼渣），氮、磷、钾的营养成分没有损失，且转化为可直接利用的活性态养分；农田施用沼肥，可替代部分化肥。通过上述综合利用，使氮素总利用率达 90%，总能量利用率达到80%。

以沼气为纽带的生态农业建设模式，不仅有效地提高了资源的利用效率，而且也推动了农业结构的调整。如以沼气为纽带的“四位一体”模式，把沼气池、畜舍、厕所、温室大棚有机结合起来，通过沼液喂畜、沼肥施用和沼气气肥技术，促进了养殖业和蔬菜生产的发展；再如以沼气为纽带的“猪一沼一果（菜）”模式，把沼气池和果（菜）园、猪舍相结合，通过沼液喂猪、果树沼液喷施和沼肥施用技术，促进了蔬菜、林果业和养猪业的发展。

2. 生物质气化技术

生物质气化技术已有一百多年的历史。1883年诞生了最早的气化反应器，它以木炭为原料，汽化后的燃气驱动内燃机，推动早期的汽车和农业排灌机械产业的发展。欧美等发达国家自70年代以来相继开展了生物质气化技术的研究，达到了较高的水平。近期的研究主要集中于将生物质转换为高氢燃气、裂解油等高品质燃料，并结合燃气轮机，斯特林发动机、燃料电池等转换方式，转换为电能，为21世纪的电力供应作技术储备。

我国对农林业废弃物等生物质资源气化技术的深入研究，是在二十世纪七十年代末、八十年代初才广泛开展起来的，其中具有代表性技术有中科院广州能源所开发的上吸式生物质气化炉和循环流化床气化炉、中国农业机械化科学研究院研制的ND系列生物质气化炉、山东省能源研究所研制的XFL系列秸秆气化炉、大连环境科学院开发的木柴干馏工艺以及商业部红岩机械厂开发的稻壳气化发电技术等。目前已建立了500多座秸秆气化站，为农民提供燃气；160kW稻壳气化发电系统已进入产业化阶段，该气化发电系统产气量约为785Nm^3/h。

生物质气化过程简单、对设备要求不高，但是能量转化率低（所产生气体的能量一般为生物质所含能量的60%～70%左右，最高为75%）、燃气热值低（仅为4～6MJ/Nm^3）、焦油含量高且燃气被焦油和颗粒污染，亦缺乏有效的净化技术、不能灵活使用热值不同的多样化生物质原料，并且气化过程还需要能量。

生物质气化是生物质热化学转换的一种技术，其基本原理是在不完全燃烧的条件下，将生物质原料加热，使较高分子量的有机碳氢化合物链裂解，变成较低分子量的CO、H_2、CH_4等可燃性气体，在转换过程中要加汽化剂（空气、氧气或水蒸气），其产品主要指可燃性气体与N_2等的混合气体，此种气体尚无准确命名，称生物质燃气、可燃气、气化气都有。对生物质进行热化学转换的技术还有干馏和快速热裂解，它们在转换过程中是加不含氧的气化剂或不加气化剂，得到的产物除燃气之外还有液体和固体物质。

生物质气化所用原料主要是原木生产及木材加工的残余物、柴薪、农业副产物等，包括树皮、木屑、枝杈、秸秆、稻壳、玉米芯等，原料在农村随处可见，来源广泛，价廉易取，它们挥发组分高，灰分少，易裂解，是热化学转换的良好材料。按具体转换工艺的不同，在填入反应炉之前，根据需要进行适当地干燥和机械加工处理。

生物质气化产出的可燃气热值，主要随气化剂的种类和气化炉的类型不同而有较大差异。我国生物质气化所用的气化剂大部分是空气，在固定床和流化床气化炉中生成的燃气热值通常在 4200～7560kJ/m^3 之间，属低热值燃气。采用氧气或水蒸气乃至氢气作为气化剂，在不同类型的气化炉中可产出中热值乃至高热值的燃气。

生物质燃气主要的用途既可供民用炊事和取暖，烘干谷物、木材、果品、炒茶等以及驱动燃气轮机发电和区域供热等。在生物质能开发水平比较高的国家，还用生物质燃气作化工原料，甚至考虑作燃料电池的燃料等。

生物质气化都要通过气化炉完成，其反应过程复杂，目前这方面的研究尚不够细致、充分。随着气化炉的类型、工艺流程、反应条件、气化剂的种类、原料的性质和粉碎粒度等条件不同，其反应过程也不相同。生物质气化按照使用的气化炉类型不同分为固定床气化和流化床气化两种。

(1) 固定床气化炉

固定床气化炉是将切碎的生物质原料由炉子顶部加料口投入固定床气化炉中，物料在炉内基本上是按层次进行气化反应的，不过炉内的反应速度较慢。固定床气化炉的特点是结构简单，投资少，运行可靠，操作比较容易，对原料种类和粒度要求不高，铡碎的物料自上而下被加入炉内。

反应产生的气体在炉内的流动要靠风机来实现，安装在燃气出口一侧的风机为引风机，靠抽力（在炉内形成负压）实现炉内气体的流动，靠压力将空气送入炉中的风机为鼓风机。按气体在炉内流动方向的不同，可将固定床气化炉分为下流式（下吸式）、上流式（上吸式）、横流式（横吸式）和开心式四种类型。

下流式固定床气化炉工作原理示意图如图 1-3 所示，该炉的气化剂在炉中自上而下流动，热分解层产出的焦油（对气化技术来说，焦油是有害的物质）在经过氧化—还原层时，能热裂解成小分子量的永性体（再降温时不凝结成液体），所以出口燃气中焦油含量较少，但是灰分较多，并且温度较高，需要进行冷却和去除杂质。这种气化炉在国内外小规模生产中得到了较广泛的应用，主要原因是该种炉型结构简单，运行比较可靠，造价较低，适于农村的技术水平和经济水平。同时此炉型的产气量一般在 600m^3/h，最大可达 1000m^3/h，燃气的热值常为 5000kJ/m^3 左右。一般农作物秸秆资源比较分散，自然村居民超过 400 户的为数不多，气化站用这种小炉型，产气量与用气量匹配合理，原料用量少，易收集（运输距离短），而且在炉型的设计、制造、安装与使用的经验比较成熟，人们对它印象良好，易于推广应用。

上流式（上吸式）固定床气化炉的气化剂在炉中自下而上流动，其工作原理示意图如图 1-4 所示，它的优点是燃气经过热分解层—干燥层时，灰尘得到过滤，致使出炉的燃气灰分含量较少；另外，高温燃气向上流动时有助于物料的热分解和干燥，热量在炉内得到了有效利用，转换热效率提高，出炉的燃气温度较低。缺点是燃气中含焦油量较多，向炉内投料不方便。对于微型气化炉可采用间歇式加料方式，即一炉料燃尽后打开盖再加一炉料，而连续生产则需有专门的加料装置，当气闸叶片磨损后，密封不严将导致漏气。这种炉子适于应用在燃气无需冷却、过滤便可以输送到直接燃用的场合。

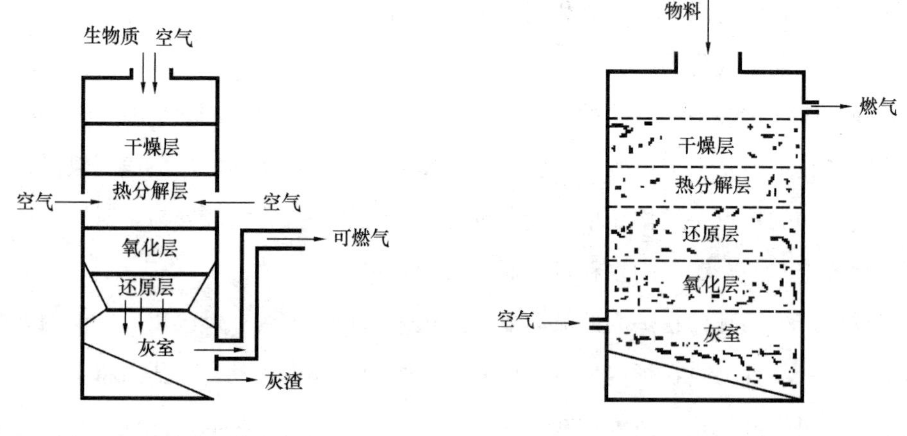

图 1-3　下流式固定床气化炉　　图 1-4　上流式固定床气化炉

横流式固定床气化炉工作原理示意图如图 1-5 所示，此种气化炉的气化剂由炉子一侧供给，燃气从炉子的另一侧流出，其原料多为木炭，它具有炉内反应温度高、气化强度大、燃气几乎不含焦油并且温度很高的特点。

开心式固定床气化炉工作原理示意图如图 1-6 所示，此种炉型的结构和气化过程与下流式固定床气化炉类似，不同的是它没有缩口，炉箅不平，而是中间隆起的。在工作过程中，由减速器带动它绕垂直轴非常缓慢地转动，避免草木灰堵塞炉箅子。

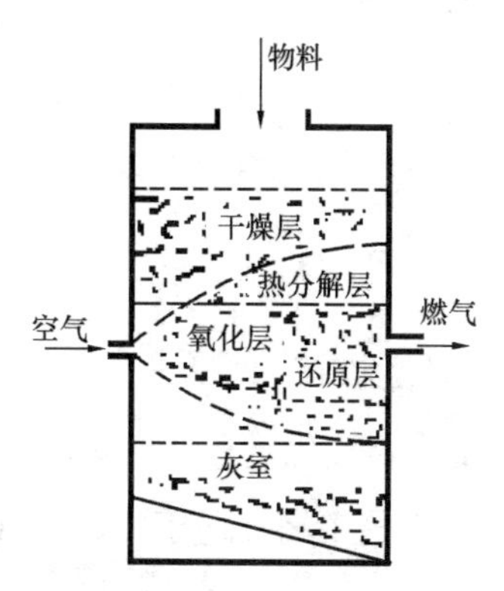

图 1-5　横流式固定床气化炉

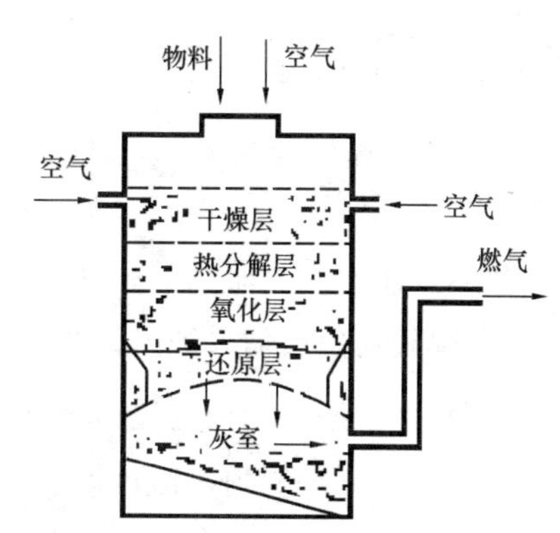

图 1-6　开心式固定床气化炉

固定床气化炉通常产气量较小，多用于小型气化站内或户用，只有上流式固定床气化炉可用于较大规模的生产场合。

(2) 流化床气化炉

流化床气化炉是将粉碎的生物质原料投入炉中，气化剂由鼓风机从炉栅底部向上吹入炉内，物料的燃烧气化反应呈“沸腾”状态，反应速度快。按炉子结构和气化过程，可将流化床气化炉分为单流化床（如图 1-7 所示）、循环流化床（如图 1-8 所示）、双流化床（如图 1-9 所示）、携带流化床四种类型。按供给的气化剂压力大小，流化床气化炉又可分为常压气化炉和加压气化炉两类。根据炉膛出口单位标准体积烟气携带物料数量来分类，可分为低携带率循环流化床锅炉、中携带率循环流化床锅炉和高携带率循环

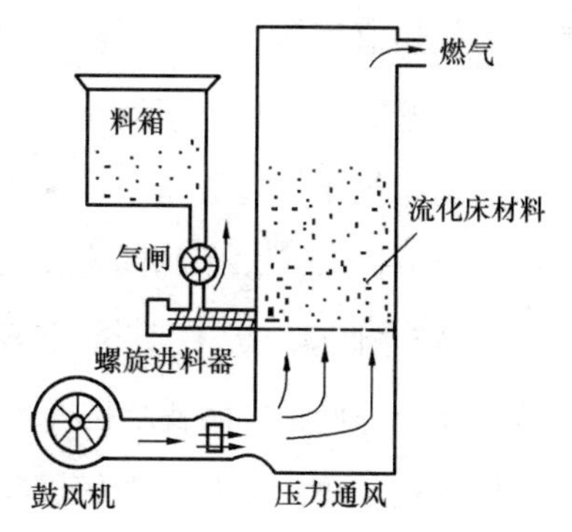

图 1-7　单流化床气化炉示意图

流化床锅炉。

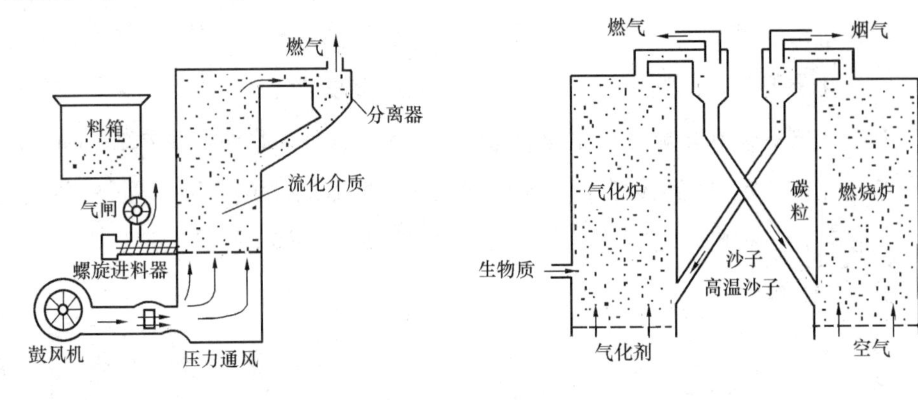

图 1-8　循环流化床气化炉示意图　　　　图 1-9　双流化床气化炉示意图

流化床气化所具有的技术特点有以下几个方面：

1）原料须粉碎后加入炉内，在炉内呈“沸腾”燃烧状态。

2）流化床上通常用精选过的惰性材料作流化介质，气化过程中物料、气化剂充分混合，温度场均匀，传热强烈、气化强度大，产气率高，适于中、小规模生产。

3）焦油在反应过程中能裂解成小分子量气体，燃气中含焦油量小，出炉温度高，含灰量较大。

4）由于流化床气化炉多用于中、大规模的连续生产，其投料、送风、控制系统等较复杂，加之炉型较大，致使制造成本大大增加，但由于其容量大，折算到单位产气设备成本还是低的。

5）流化床气化炉所用的气化剂有空气或再掺进氧气和水蒸气，前者产出的燃气为低热值气体，后两者产出的燃气为中热值气体。

(3）固定床气化炉与流化床气化炉的比较

固定床气化炉与流化床气化炉有着各自的优缺点和一定的适用范围，下面从以下五个方面对流化床和固定床气化炉的性能进行比较。

1）技术性能。从目前情况来看，固定床和流化床气化炉的设计运行时间，一般都小于 5000h。前者结构简单，坚固耐用；后者结构较复杂，安装后不易移动，但占地较小，容量一般较固定床的容量大。启动时，固定床加热比较缓慢，需较长时间达到反应温度；流化床加热迅速，可频繁启停。

运行过程中，固定床床内温度不均匀，固体在床内停留时间过长，而气体停留时间较短，压力降较低；流化床床温均匀，气固接触混合良好，气固停留时间都较短，床内压力降较高。固定床的运行负荷可在设计负荷的20%～110%之间变动，而流化床由于受气流速度必须满足流化条件所限，只能在设计负荷的50%～120%之间变化。

2）原料。流化床对原料的要求较固定床低，流化床使用的原料的种类、进料形状、颗粒尺寸可不一致。而固定床必须使用特定种类，形状、尺寸尽可能一致的原料。前者颗粒尺寸较大，后者颗粒尺寸较小。

固定床气化的主要产物是低热值煤气，含有少量焦油、油脂、苯、氨等物质，需经过分离、净化处理。流化床产生的气体中焦油和氨的含量较低，气体成分、热值稳定，出炉燃气中固体颗粒较固定床多，出炉燃气温度和床温基本一致。

表1-2中的燃气均是由固定床气化炉生产的，同样的原料若采用流化床气化，由于反应充分，得到的燃气热值比表1-2中的量值要高一些。

固定床气化炉生物质燃气成分及低位发热量　　表1-2

原料品种	燃气成分（%）						低位发热量（标准状态下）/（kJ/m^3）
	CO	H_2	CH_4	CO_2	O_2	N_2	
玉米秸	21.4	12.2	1.87	13.0	1.65	49.88	5328
玉米芯	22.5	12.3	2.32	12.5	1.4	48.98	5033
麦秸	17.6	8.5	1.36	14.0	1.7	56.84	3663
棉秸	22.7	11.5	1.92	11.6	1.5	50.78	5585
稻壳	19.1	5.5	4.3	7.6	3.0	60.5	4594
薪柴	20.0	12.0	2.0	11.0	0.2	54.5	4728
树叶	15.1	15.1	0.8	13.1	0.6	54.6	3694
锯末	20.2	6.1	4.9	9.9	2.0	56.3	4544

3）能量利用和转换。固定床中由于床内温度不均匀，导致热交换效果较流化床差，但固体在床中停留时间长，故碳转换效率高，一般达90%～99%。流化床出炉燃气中固体颗粒较多，造成不完全燃烧损失，碳转换效率一般只有90%左右。两者都具有较高热效率。

4）环境效益。固定床燃气飞灰含量低，而流化床燃气飞灰含量高。其原因是固定床中温度高于灰熔点，从而使灰熔化成液态，从炉底排出；而流化床中温度低于灰熔点，飞灰被出气带出一部分，故流化床对环境影响比固定床大，必须对燃气进行除尘净化处理。

5）经济性。在设计制造方面，由于流化床的结构较固定床复杂，故流化床的投资高。在运行方面，固定床对原料要求较高，流化床对原料要求不高，故固定床运行投资高于流化床；固定床气化炉内温度分布较宽，这可能产生床内局部高温而使灰熔聚，比容量低、启动时间长以及大型化较困难；流化床具有气化强度大、综合经济性好的特点。综合考虑设计和运行过程，流化床比固定床具有更大的经济性，应该成为我国今后生物质气化研究的主要方向。

3. 生物质制氢

氢气是一种可再生、高热值的清洁能源，在燃烧时只产生水，而不产生氮氧化物、硫化物和颗粒等大气污染物或二氧化碳等温室气体。近年来随着氢气贮存技术（如氢化物合金）和燃料电池技术的迅速发展，氢气的制取和利用日益受到重视，被认为是一种最有潜力的替代能源，美国总统布什在2005年的新年演说中专门提到发展氢燃料汽车。目前，世界上几乎所有大的汽车制造商都研制推出了以氢为动力的汽车。

生物质制氢是利用微生物在常温常压下进行酶催化反应制取氢气，该项技术的应用将不仅局限于产生高浓度有机废水的食品加工、发酵等行业，而且还可以用城市污水处理厂的剩余污泥、生活垃圾等其他有机废弃物为原料生产氢气。欧洲开发了生物质直接气化制氢技术，过程简单、产氢速度快，显示出巨大潜力，成本显著低于生物质发电再电解制氢、乙醇制氢，欧洲正在积极开发这项技术。

尽管氢被炒得很热，但是根据美国能源政策委员会2004年的年终报告，通过对氢的原料可供给性、CO_2减排性、与现有基础设施的相容性、到2020年与汽油的竞争性等4项指标比较，认为氢还不具备竞争优势。美国科学院预测，氢需要再经过50年的全力研发才能显示出其优越性。

1.2.4 生物质能新技术

生物质能作为一种新型可再生能源，正被越来越多的人所了解。生物质燃料技术已日臻成熟，更多新技术、新领域不断地被研发。

1. 生物燃料电池（Biofuel Cell）

生物燃料电池是利用酶或者微生物组织作为催化剂，将燃料的化学能转化为电能，它是燃料电池中特殊的一种类型。生物燃料电池按其工作方式可分为两类，一类是酶生物燃料电池，即先将酶从生物体系中提取出来，然后利用其活性在阳极催化燃料分子氧化，同时加速阴极氧的还原；另一类微生物燃料电池就是利用整个微生物细胞做燃料，依靠合适的电子传递介质在生物组分和电极之间进行有效的电子传递。虽然已经存在阴、阳两极同时使用生物催化剂的情况，但大多数生物燃料电池只在阳极使用生物催化剂。生物燃料电池同样以空气中的氧气作为催化剂，阴极部分与一般的燃料电池没有区别，因此在生物燃料电池领域的研究工作多是针对电池阳极区。

根据电子转移方式的不同，生物燃料电池还可分为间接型生物燃料电池和直接型生物燃料电池。在直接型燃料电池中，燃料在电极上氧化，电子从燃料分子直接转移到电极上，有一种氧化还原蛋白质作生物催化剂的作用催化在电极表面上的反应。而在间接型燃料电池中，燃料并不在电极上反应，而是在电解液中或其他地方反应，电子则由具有氧化还原活性的媒体运载到电极上去。

生物燃料电池尚处于试验阶段，已可提供稳定的电流，但工业化应用尚未成熟。生物燃料电池技术有望在不远的将来取得重要进展，它作为一种绿色环保的新能源，在生物医学等各个领域应用的理想必然会实现。

2. 生物质等离子体气化与生物质热解

目前对生物质燃烧技术的研究主要集中在高效燃烧、热电联产、过程控制、烟气净化、减少排放量与提高效率等技术领域；另外，对减少投资、降低运行费用等方面也进行了相关研究。在热电联产领域，出现了热、电、冷联产，以热电厂为热源，采用溴化锂吸收式制冷技术提供冷水进行空调制冷，可以节省空调制冷的用电量；热、电、气联产则是以循环流化床分离出来的800～900℃的灰分作为干馏炉中的热源，用干馏炉中的新燃料析出挥发分生产干馏气。

生物质等离子体气化是一项完全不同于常规热解气化的新工艺。因热等离子体能够提供一个高温和高能量的反应环境，可大幅度提高反应速率，同时又会出现常温下不能发生的化学反应。产生等离子体的手段有很多，如聚集炉、激光束、闪光管、微波等离子体以及电弧等离子体等，其中电弧等离子体是一种典型的热等离子体，其特点是温度极高，可达到上万度，且这种等离子体还含有大量各种类型的带电离子、中性离子以及电子等活性特种。生物质在氮的气氛下经电弧等离子体热解后，气体产品中的主要组分是氢气和一氧化碳，且完全不含焦油。在等离子体气化中，可通进水蒸气，以调节氢气和一氧化碳的比例，为制取生物燃料作准备。目前，等离子体热解气化技术大多数是针对煤的洁净转化和危险废弃物的热处理进行的研究工作。

预处理与热解相结合的生物质热解是一种新工艺，即生物质通过预处理（如水洗或酸洗）脱灰后，依次经干燥和热解过程可得到转化率高且含酸量少的生物原油。水洗和酸洗脱灰两种热解工艺所得生物原油含酸量相近，转化率也相近，但此项工艺能耗大，增加了后续处理的复杂性，相应增加运行费用。另外，也有生物质发酵和热解合成制取乙醇的工艺，通过生物质的水解过程，脱去一部分灰分和半纤维素，使热解过程形成的脱水糖大幅度提高，然后利用脱水糖发酵制取乙醇，此项工艺过程的优点是利用酸水解和热解增加发酵糖，得到高收率的乙醇，缺点是此工艺需要多次使用酸水解，所需费用高，工艺复杂，而且水解后生物质黏度高，热解时进料不方便。

1.3　生物质能发展现状与展望

1.3.1　生物质能发展现状

目前，生物质能技术的研究与开发已成为世界重大热门课题之一，受到世界各国政府与科学家的关注。许多国家都制定了相应的开发研究计划，如日本的阳光计划、印度的绿色能源工程、美国的能源农场和巴西的酒精能源计划等，其中生物质能源的开发利用占有相当的比重。目前，国外的生物质能技术和装置多已达到商业化应用程度，实现了规模化产业经营，以美国、瑞典和奥地利三国为例，生物质转化为高品位能源利用已具有相当可观的规模，分别占该国一次能源消耗量的 4%、16%和 10%。在美国，生物质能发电的总装机容量已超过 10000MW，单机容量达 10～25MW；美国纽约的斯塔藤垃圾处理站投资 2000 万美元，采用湿法处理垃圾，回收沼气，用于发电，同时生产肥料。巴西是乙醇燃料开发应用最有特色的国家，实施了世界上规模最大的乙醇开发计划，目前乙醇燃料已占该国汽车燃料消费量的 50%以上。美国开发出利用纤维素废料生产酒精的技术，建立了 1MW 的稻壳发电示范工程，年产酒精 2500t。

1. 沼气技术

近年来，中国政府对农村沼气建设给予了强有力的持续支持和投入，截止到 2008 年底，中国已有 3049 万农户使用了农村沼气，每年产沼气 113.9 亿 m^3；在全国建有 16.4 万处生活污水净化沼气池，专门处理公厕、医院等公共场所的生活污水，总池容达 785 万 m^3。同时，各地还因地制宜地整合太阳能、沼气技术以及种植业、养殖业产业结构，实践性地探索出一系列适合中国农村地区推广应用的北方“四位一体”、南方“猪沼果”和西北“五配套”能源生态模式。

以厌氧消化为核心技术、以废弃物资源化利用为目的的大中型沼气工程已成为处理、利用禽畜粪便、农作物秸秆和工业有机废水最为有效的手段之一。到 2008 年底，全国共建成各种类型沼气工程 3.98 万处，总池容达到了 502 万 m^3，形成了每年约 7.11 亿 m^3 沼气的生产能力。其中，用于处理工业有机废水沼气工程 332 项，处理畜禽粪便沼气工程 3.95 万项。大型沼气工程 3093 处，中型沼气工程 1.29 万处，小型沼气工程 2.39 万处。

2. 直接燃烧技术

中国大部分农村地区的农民现在还仍然以传统的炉灶进行炊事和取暖，其生活燃料主要来源于农作物秸秆和薪柴。通过改进农村现有的炊事炉灶，不仅提高了传统炉灶的燃烧效率（大约在 20%左右），而且也减少了室内空气污染，改善了农村生活环境。截止到 2008 年底，中国农村地区已累计推广省柴节煤炉灶 1.46 亿户，高效低排放节能炉 3342 万台，节能炕 2050 万铺，极大缓解了农村能源短缺的紧张局面和改善了农村居民日常生活的环境状况。

3. 气化技术

农作物秸秆气化集中供气是中国在20世纪90年代发展起来的一项技术。到2008年底，中国农作物秸秆气化集中供气系统供气站保有量已达856处，年产生物质燃气3.12亿m^3。此外，以农作物秸秆为原料通过厌氧发酵方式进行沼气生产，近两年在中国部分农村地区也开始进行了实验性示范推广，目前有近20万农户正在使用此项技术。2009年，农业部又在组织有关科研单位和企业在12个省（区）进行16项秸秆沼气示范工程建设。

4. 固体成型燃料技术

目前，中国研发出来的生物质固体成型燃料有颗粒、块状和棒状几种形式，主要用于民用炊事取暖、商用餐饮和洗浴、工业锅炉和发电等。生物质固体成型设备一般分为螺旋挤压式、活塞冲压式和环模滚压式。中国生物质固体成型燃料设备在加工生产实际使用中的一个突出问题，是挤压成型关键部件的使用寿命较短，成型燃料成本较高，这也是生物质固体成型技术发展的最大障碍。进入2000年以后，由于产学研的紧密合作，生物质固体成型技术得到明显的发展，成型设备的生产和应用已初步形成了一定的规模。截止到2008年底，全国已有102个示范项目正在运行中，北京、河南和江苏等地的生物质固体成型燃料已开始走向市场化和商业化，并获得了成功。

5. 生物液体燃料

自2002年6月30日起，国家发展和改革委员会分别支持在河南省的郑州市、洛阳市、南阳市和黑龙江省的哈尔滨市、肇东市等5个城市开展了以陈化粮为原料的车用乙醇汽油使用试点工作。到2005年底，9个省的部分地区基本实现车用乙醇替代汽油，年产生物乙醇燃料约150万t。但是，受粮食产量的制约，中国政府已强调“不与人争粮、不与粮争地”开发利用生物燃料的原则，明确提出要扩大非粮生物乙醇和生物柴油燃料的生产，有关部门正在组织科研单位和专家开展甜高粱茎秆、薯类（木薯、甘薯）、甘蔗和农作物秸秆等制取生物燃料乙醇的项目，以及利用菜籽油、棉籽油、乌桕油、木油、茶油和地沟油等原料进行小规模生产生物柴油的项目，并在部分省（区）建立了生物液体燃料生产和加工基地，初步具备了商业化发展的条件。

1.3.2 生物质能发展展望

面对全球性的减少化石能源消耗，控制温室气体排放的形势，利用生物质能资源生产可替代化石能源的可再生能源产品，已成为我国应对全球气候变暖和控制温室气体排放问题的重要途径之一，国家出台了具体的补贴措施，并且规划到2015年，生物质能发电将达1300万kW的目标。

可再生能源因其可持续性、清洁、环保，成为未来能源的发展方向。各国纷纷出台或修订政策和法规加以鼓励和支持，其中生物质能作为唯一一种可再生的碳源，且作为仅次于煤炭、石油和天然气的世界第四大能源，受到人们的极大关注。

我国的沼气供应最初主要来源于农村户用沼气池，20世纪70年代初，为解决秸秆焚烧和燃料供应不足的问题，我国政府在农村推广沼气事业，沼气池产生的沼气用于农村家庭的炊事并逐渐发展到照明和取暖。目前，户用沼气在我国农村仍在广泛使用。我国大中型沼气工程始于1936年，此后，大中型废水、养殖业污水、村镇生物质废弃物、城市垃圾沼气的建立拓宽了沼气的生产和使用范围。随着我国经济发展和人民生活水平的提高以及工业、农业、养殖业的发展，大型废弃物沼气发酵工程仍将是我国可再生能源利用和环境保护切实有效的方法。

用废弃物生产生物燃料也一直是科学家感兴趣的一种能源方式。今天的世界面临三重威胁：废物数量不断上升、处理方式姗姗来迟、能源日渐稀少。把废弃物变为能源就意味着在清洁环境的基础上，又可以减轻能源压力，它的大规模应用很值得期待。

生物质能还有一种方式就是利用各种能源作物及植物。各种非粮作物及各种能源植物成为发展的热点，我国国家林业局编制了《全国能源林建设规划》。按照“规划”，“十一五”期间，我国将建设生物柴油能源示范基地1250万亩，到2020年培育2亿亩高产优质能源林基地，推动林业生物质能源的发展。

在应用方面，新能源汽车，新能源飞机也应运而生，作为一种趋势和潮流，新能源汽车赢得了主流国家的认同。而在2009年10月22～24日召开的“第二届上海国际可再生能源大会暨展览会”上，新能源汽车更是风生水起，各种不同新能源驱动的汽车引起众人的瞩目。

我国的生物质能事业才刚刚起步，当中也发现了存在的不少问题，加大技术创新力度，降低生物质能产业化成本，逐步完善生物质能政策法规，构建完备立法体系，这是实现生物质能更好更快发展的必然趋势。

当然，发展可再生能源，生物质能只是其中非常重要的一方面，为了更好地发展，需要把各种可再生能源结合起来，如：太阳能、风能、地热能、水能和海洋能以及由可再生能源衍生出来的生物燃料和氢所产生的能量等。走多样化道路，发展适合具体情况的能源模式。

沼气及沼气用具 2

2.1 沼气基础知识

2.1.1 什么是沼气

沼气是各种有机物质在一定的温度、湿度、酸碱度和隔绝空气（即厌氧环境）的条件下，通过微生物发酵作用而产生的一种可燃气体。在含腐烂有机质较多的沼泽、池塘、污水沟和粪坑里，经常可以看到有气泡冒出。若把这种冒出的气泡收集起来，就可以用火点燃，此即为沼气。因为这种气体最初是在沼泽中发现的，所以称它为沼气。

2.1.2 沼气的成分

沼气是一种混合气体。它的主要成分是甲烷（CH_4）、二氧化碳（CO_2）和少量的硫化氢（H_2S）、氢（H_2）、一氧化碳（CO）、氮（N_2）等气体。其中甲烷约占55%～70%、二氧化碳约占28%～44%，硫化氢平均含量约占0.034%，其他成分含量极少。

2.1.3 沼气的性质

沼气是一种无色、有味、有毒、有臭味的气体，沼气未燃烧时略有蒜味或臭鸡蛋气味，是因为沼气中含有少量硫化氢气体的缘故。它的主要成分甲烷在常温下是一种无色、无味、无臭、无毒的气体。甲烷分子式是CH_4，是一个碳原子与四个氢原子构成的简单碳氢化合物，不含氮、磷、钾等元素，所以在燃烧时不会把发酵原料中的肥分烧掉。甲烷的化学性质极为稳定，对空气的重量比是

0.54，比空气约轻一半。甲烷溶解度很小，在20℃、0.1kPa时，100单位体积的水，只能溶解3个单位体积的甲烷。

甲烷是简单的有机化合物，是优质的气体燃料。当甲烷完全燃烧时，呈蓝白色火焰，最高温度可达1400℃左右，能够产生大量的热。纯甲烷每立方米发热量为36.8MJ，沼气每立方米的发热量约20.9～25.1MJ，相当于0.55kg柴油或0.8kg煤炭充分燃烧后放出的热量。从热效率分析，每立方米沼气所能利用的热量，相当于燃烧3.03kg煤所能利用的热量。

沼气是一种优良的气体燃料，不仅能用来烧菜、煮饭、点灯，还可以用作动力燃料，开动内燃机。一立方米的人工沼气，能供3～4口之家一日三餐饭菜的燃料，能使一盏60支光的沼气灯照明6小时，能使一马力的内燃机工作2小时，能发电1.25度。

2.2 沼气发酵基础知识

沼气发酵是一个复杂的微生物学过程，了解这一过程中各类微生物的作用及其活动规律，才能把沼气发酵建立在科学的基础上。

2.2.1 什么是沼气发酵

沼气发酵又称为厌氧消化、厌氧发酵和甲烷发酵，是指有机物质（如人畜粪便、秸秆、杂草等）在一定的湿度、温度和厌氧的条件下，被种类繁多、数量巨大且功能不同的各类微生物的分解代谢，最终形成甲烷和二氧化碳等混合气体（即沼气）的复杂生物化学过程。

根据沼气发酵过程中各类细菌的作用，沼气细菌可以分为两大类。第一类细菌叫做分解菌，它的作用是将复杂的有机物（如糖类、蛋白质、脂肪酸等大分子物质）分解成简单的低分子化合物，如乙酸、氢和二氧化碳（CO_2）等。它们当中有专门分解纤维素的，叫纤维分解菌；有专门分解蛋白质的，叫蛋白分解菌；有专门分解脂肪的，叫脂肪分解菌；第二类细菌叫产甲烷细菌，通常叫产甲烷菌，它的作用是把简单的有机物及二氧化碳氧化或还原成甲烷。因此，有机物变成沼气的过程，就好比工厂里生产一种产品的两道工序：首先是分解细菌将粪便、秸秆、杂草等复杂的有机物加工成半成品——结构简单的化合物；再就是在产甲烷菌的作用下，将简单的化合物加工成产品——即生成甲烷。

只有了解参加沼气发酵的多种微生物活动规律、生存条件及作用，并按照微生物的生存条件、活动规律去修建沼气池，收集发酵原料，进行日常管理，使参加发酵的各种微生物得到最佳的生长条件，才能获得较多的产气量和沼肥，满足生产、生活的需要。

2.2.2 沼气发酵微生物（细菌）

在沼气发酵过程中，人们往往只注意修建什么样的沼气池或消化器，供给什么样的原料，产了多少沼气，而忽略了怎样才能使沼气发酵微生物进行旺盛地生长繁殖这一最重要的内容。因为只有有了大量的沼气发酵微生物，并使各种类群的微生物得到最佳的生长条件，各种有机原料才会在微生物的作用下转化为沼气。

1. 沼气发酵微生物的种类

在沼气发酵过程中，主要有发酵性细菌、产氢产乙酸菌、耗氧产乙酸菌、食氢产甲烷菌和食乙酸产甲烷菌等五大菌群参与活动。

（1）发酵性细菌：一些不溶性物质被发酵性细菌所分泌的胞外酶水解为可溶性的糖、肽、氨基酸和脂肪酸，再将其吸入细胞，发酵为乙酸、丙酸、丁酸等酸类。

（2）产氢产乙酸菌：除甲酸、乙酸和甲醇外的物质均不能被产甲烷菌所利用，所以必须由产氢产乙酸菌将其分解转化为乙酸、氢和二氧化碳。

（3）耗氢产乙酸菌：它们既能利用 H_2 和 CO_2 生成乙酸，也能代谢糖类生成乙酸。

（4）产甲烷菌（食氢、食乙酸）：它们在厌氧条件下将前三群细菌代谢的终产物，在没有外源受氢体的情况下，把乙酸和 H_2/CO_2 转化成 CH_4/CO_2。产甲烷菌广泛存在于水底沉积物和动物消化道等极端厌氧的环境中。

2. 沼气发酵微生物的作用

（1）不产甲烷菌为产甲烷菌提供营养；

（2）不产甲烷菌为产甲烷菌创造适宜的厌氧环境；

（3）不产甲烷菌为产甲烷菌清除有毒物质；

（4）不产甲烷菌与产甲烷菌共同维持环境中适宜的酸碱度。

3. 沼气发酵微生物的特点

（1）分布广，种类多。上至1.2万m的高空，下至2000m的地层深处都有微生物的踪迹；沼气微生物在自然界分布也很广，种类达200～300种。

（2）繁殖快，代谢强。产酸菌在生长旺盛时，20分钟或更短的时间内就可以繁殖一代，产甲烷菌繁殖速度较慢，约为产酸菌的1/15。

（3）适应性强，容易培养。与高等生物相比，多种微生物适应性较强，并且容易培养。例如，沼气池里的微生物在10～60℃条件下，都能进行沼气发酵。

2.2.3　沼气发酵过程

在沼气发酵过程中，五群细菌构成一个食物链，从各群细菌的生理代谢产物或它们的活动对发酵液酸碱度（pH值）的影响来看，可分为产酸阶段与产甲烷阶段。

1. 液化（水解）阶段

在沼气发酵中首先是发酵性细菌群利用它所分泌的胞外酶、淀粉酶、蛋白酶和脂肪酶等，对有机物进行体外酶解，也就是把畜禽粪便、作物秸秆、豆制品加工后的废水等大分子有机物分解成能溶于水的单糖、氨基酸、甘油和脂肪酸等小分子化合物。这个阶段叫液化阶段。

2. 产酸阶段

这个阶段是三个细菌群体的联合作用，先由发酵性细菌将液化阶段产生的小分子化合物吸收进细胞内，并将其分解为乙酸、丙酸、丁酸、氢和二氧化碳等，再由产氢产乙酸菌把发酵性细菌产生的丙酸、丁酸转化为产甲烷菌可利用的乙酸、氢和二氧化碳。另外还有耗氢产乙酸菌群，这种细菌群体利用氢和二氧化碳生成乙酸，还能代谢糖类产生乙酸，它们能转变多种有机物为乙酸。

液化阶段和产酸阶段是一个连续过程，通常称之为不产甲烷阶段，它是复杂的有机物转化成沼气的先决条件。在这个过程中，不产甲烷的细菌种类繁多、数量巨大，它们主要的作用是为产甲烷菌提供营养和为产甲烷菌创造适宜的厌氧条件，消除部分毒物。

3. 产甲烷阶段

在此阶段中，产甲烷细菌群，可以分为食氢产甲烷菌和食乙酸菌两大类群，已研究过的就有70多种产甲烷菌。它们利用以上不产甲烷的三种菌群所分解转化的甲酸、乙酸等简单有机物分解成甲烷和二氧化碳，其中二氧化碳在氢气的作用下还原成甲烷。这一阶段叫产甲烷阶段，或叫产气阶段。

产甲烷菌的共同特征是：

（1）生长缓慢。如甲烷八叠球菌在乙酸上生长其倍增时间为1～2天，甲烷菌丝倍增时间为4～9天。

（2）严格厌氧。对氧气和氧化剂非常敏感，在有空气的条件下就不能生存或死亡。

（3）只能利用少数简单的化合物作为营养。

（4）要求在中性偏碱和适宜温度环境条件。

（5）代谢活动主要终产物是甲烷和二氧化碳为主要成分的沼气。

2.2.4 沼气发酵基本条件

沼气发酵是由多种细菌群参加完成的，它们在沼气池中进行新陈代谢和生长繁殖过程中，需要一定的生活条件，只有用人工为其创造适宜生长条件，使大量的微生物迅速的繁殖，加快沼气池内的有机物分解。因此，只有满足微生物的生长条件和沼气池正常运行条件才能获得产气率高、沼气和有机沼肥多的效果。

1. 适宜的发酵原料

沼气发酵原料是产生沼气的物质基础，又是沼气发酵细菌赖以生存的养料来源。因为沼气细菌在沼气池内正常生长繁殖过程中，必须从发酵原料里吸取充分的营养物质，如水分、碳素、氮素、无机盐类和生长素等，用于生命活动，以成倍繁殖细菌和产生沼气。

有机物中的碳水化合物如秸秆中的纤维素和淀粉是细菌的碳素营养，有机物中的有机氮如人畜粪尿中的含氮物质则是细菌的氮素营养。当有机物被细菌分解时，其中一部分有机物的碳素和氮素被同化成菌体细胞以及组成其他新的物质，另一部分有机物则被产酸细菌分解为简单有机物，后经产甲烷菌的作用产生甲烷。因此，沼气发酵时，原料不仅需要充足，而且需要适当搭配。保持一定的碳氮比例（最适宜C/N=25∶1），这样才不会因缺碳素或缺氮素营养而影响沼气的产生和细菌正常繁殖。

（1）发酵原料的分类

自然界中的沼气发酵原料来源十分广泛和丰富，几乎所有的有机物都可以作为沼气发酵原料，例如农作物秸秆，人、畜和家禽粪便、生活污水，工业和生活有机废物等。根据沼气发酵原料的化学性质和来源的不同，可以将发酵原料分为三种类型。

1）富氮原料

在农村主要是指人、畜、家禽粪便。这类原料颗粒较细，含有较多的易分解化合物，氮素含量也较高，原料碳氮比（含碳量与含氮量的比值，用C/N表示）一般小于25∶1，不必进行预处理，分解和产气速度较快，发酵周期短，一般在30～60天，是我国农村沼气发酵原料的主要来源。

2）富碳原料

在农村主要是指各种农作物秸秆，与人、畜粪便一样，农作物秸秆也是我国农村主要沼气发酵原料之一。这类原料由木质素、纤维素、半纤维素、果胶和蜡质等化合物组成，其碳素含量较高，原料的碳氮比一般在30∶1以上，它的特点是产气速度慢，发酵周期长，一般约90天。使用这种原料在入池前需进行预处理，以提高产气效果。

3）其他类型的发酵原料

①水生植物，主要包括水葫芦、水花生、水白菜及其他水草、藻类等。这类原料繁殖速度快，产量高，而且组织鲜嫩，易于被微生物分解利用，也是沼气发酵的好原料。

②城市有机废物，包括人粪、生活污水和有机垃圾、有机工业废水、废渣、污泥等。这类原料一般都富含有机物，但由于来源不同，其化学成分和生产沼气的潜力差异很大，所采取的发酵工艺也不尽相同。户用沼气池在缺乏原料时，可以有选择地利用。

（2）原料的配比

沼气细菌在发酵原料中吸取的主要营养物质是碳（C）元素和氮（N）元素，

碳元素为沼气细菌提供能量，氮元素用于构成细胞，另外还有其他一些营养物质，如氢、硫、磷等元素。沼气细菌对碳素、氮素的需要量有一定比例，一般碳氮比为20～30∶1。如果发酵原料中碳素太多，氮被利用后，剩下过多的碳素容易造成有机酸大量积累，不利于沼气发酵。一般情况下，鲜粪和农作物秸秆的重量比为2∶1。原料碳氮比较低，微生物在生长过程中就会将多余的氮素分解成氨气而放出，使发酵液中构成碱性的物质 NH_4HCO_3 增加，可以提高发酵液的缓冲能力。在缺乏人畜禽粪便的地区，可在沼气池中加入发酵原料的0.3%以下的碳酸氢铵，或0.1%以下的尿素，能有效地提高产气率。

各种发酵原料所含的碳量和氮量是不同的，常用的沼气发酵原料碳氮含量和碳氮比见表2-1。

常用沼气发酵原料的碳氮含量和碳氮比 **表2-1**

发酵原料	碳素占原料重量 %	氮素占原料重量 %	碳氮比	产气潜力 m^3/kg 干物质
干麦秸	46.0	0.53	87∶1	0.45
干稻草	42.0	0.63	67∶1	0.40
玉米秸	40.0	0.75	53∶1	0.50
落　叶	41.0	1.00	41∶1	
大豆茎	41.0	1.30	32∶1	
野　草	14.0	0.54	27∶1	0.44
鲜羊粪	16.0	0.55	29∶1	
鲜牛粪	7.30	0.29	25∶1	0.30
鲜马粪	10.0	0.42	24∶1	0.34
鲜猪粪	7.8	0.60	13∶1	0.42
鲜人粪	2.5	0.85	2.9∶1	0.34
鲜人尿	0.40	0.93	0.43∶1	
鸡　粪	35.7	3.70	9.7∶1	0.31

各种发酵原料的沼气产量、所产沼气中的甲烷含量以及产气持续时间也是不同的。为了达到持久产气、均衡产气的目的，在进料时应将消化速度快的和消化速度慢的原料进行合理搭配，常用原料的产气能力见表2-2。

常用沼气发酵原料的产气量 **表 2-2**

发酵原料	每吨干物质产生的沼气量 (m^3)	沼气中甲烷含量 (%)	产气持续时间 (天)
麦秸	432	59	
青草	630	70	60
玉米秸	250	53	90
树叶	210～294	58	
谷壳	230	62	90
牛粪	280	59	90
马粪	200～300	60	90
猪粪	561	65	60
人粪	240	50	30
牲畜厩肥	260～280	50～60	
废物污泥	640	50	
酒厂废水	300～600	58	

人、畜、禽粪便是产生沼气的主要原料。1 头猪、1 头牛、1 只鸡和 1 个人一年所排出的粪便能够产生的沼气量见表 2-3。

人、畜、禽粪便的沼气产量 **表 2-3**

发酵原料	日产鲜粪 (kg)	年产鲜粪 (kg)	干物质含量 (%)	年产干物质重量 (kg)	实际沼气转换率 (m^3/kg)	年产沼气量 (m^3)
人粪	0.25	91	20	18	0.30	5.4
猪粪	3.00	1095	28	306	0.25	78.6
牛粪	15.00	5471	20	1095	0.19	208.0
鸡粪	0.10	36	30	11	0.25	2.7

几种常用发酵原料的产气速度见表 2-4。

常用发酵原料的产气速度 **表 2-4**

发酵原料	正常产气期间的平均产气量 [(m^3/m^3·天)]	原料产气量 [(m^3/kg)]	0～15 天	15～45 天	45～70 天	75～135 天
人　粪	0.53	0.31	45	22	27	6
猪　粪	0.30	0.22	20	32	25	23
牛　粪	0.20	0.12	11	34	21	34

续表

发酵原料	正常产气期间的平均产气量 [(m^3/m^3·天)]	原料产气量 [(m^3/kg)]				
			0～15天	15～45天	45～70天	75～135天
稻　草	0.35	0.23	9	50	16	25
干青草	0.20	0.21	13	11	43	33
水葫芦	0.40	0.16	83	17	0	0
水花生	0.38	0.20	23	45	32	0
水浮莲	0.40	0.20	23	45	32	0

注：发酵温度30℃批量发酵

2. 质优足量的沼气菌种

制取沼气必须有沼气细菌才行，这和发面需要有酵母一样。如果没有沼气细菌作用，沼气池内的有机物本身是不会转变成沼气的。所以沼气发酵启动时要有足够数量含优良沼气菌种的接种物，这是制取沼气的重要条件。

在农村含有优良沼气菌种的接种物，普遍存在于粪坑底污泥、下水污泥、沼气发酵的渣水、沼泽污泥、豆制品作坊下水沟中的污泥，这些含有大量沼气发酵细菌的污泥称为接种物。沼气发酵加入接种物的操作过程称为接种，新建沼气池第一次装料，如果不加入足够数量含有沼气细菌的接种物，常常很难产气或产气率不高，甲烷含量低无法燃烧。另外，加入适量的接种物可以避免沼气池发酵初期产酸过多而导致发酵受阻。

3. 严格的厌氧环境

沼气发酵中起主要作用的是厌氧分解菌和产甲烷菌，它们怕氧气，在空气中暴露几秒钟就会死亡，就是说空气中的氧气对它们有毒害致死的作用。因此，严格的厌氧环境是沼气发酵的最主要条件之一。根据沼气细菌怕空气的特性，修建的沼气池除进出料口外必须严格密闭，达到不漏水、不漏气，保证沼气细菌正常生命代谢活动和贮存沼气。

4. 适宜的发酵温度

沼气池内发酵液的温度，对产生沼气的多少有很大影响，这是因为在适宜的温度范围内，温度越高，沼气细菌的生长、繁殖越快，产沼气就多；如果温度不适宜，沼气细菌生长发育慢，产气就少或不产气。所以，温度是沼气发酵的重要外因条件。

经研究发现，沼气细菌在10～60℃的范围内，均能正常发酵产气（最适温度为35℃）。低于10℃或高于60℃都严格抑制微生物生存、繁殖，影响产气。人们把不同的发酵温度区分为三个范围，即常温发酵区：10～25℃、中温发酵区：25～35℃、高温发酵区：50～60℃。农村户用沼气池，一般都采用常温发酵，夏天温度高产气多，冬季池温低产气少（池温低于10℃，产气效果很差）。为了提高沼气池温度使沼气池常年产气，在北方寒冷地区多把沼气池修建在日光温室内或太阳能禽畜舍内，使池温增高，提高冬季的产气量，达到常年产气。

5. 适当的发酵浓度

沼气池中的料液在发酵过程中需要保持一定的浓度，才能正常产气运行，如果发酵料液中含水量过少、发酵原料过多，发酵液的浓度过大，产甲烷菌又食用不了那么多，就容易造成有机酸的大量积累，结果使发酵受到阻碍。如果水太多，发酵液的浓度过稀，有机物含量少，产气量就少。

农村沼气池的发酵料液浓度一般采用6%～12%之间。在这个范围内，沼气的初始启动浓度要低一些便于启动。夏季和初秋池温高，原料分解快，浓度可适当低一些，一般控制在6%～8%；冬季、初春池温低，原料分解慢，发酵料液浓度应高些，一般保持在8%～12%为宜。

6. 适宜的酸碱度（pH值）

沼气发酵细菌最适宜的pH值为6.5～7.5，6.4以下7.6以上都对产气有抑制作用。如果pH值在5.5以下，就是料液酸化的标志，其产甲烷菌的活动完全受到抑制。如沼气池初始启动时，投料浓度过高，接种物中的产甲烷菌数量又不足，或者在沼气池内一次加入大量的鸡粪、薯渣造成发酵料液浓度过高，都会因产酸与产甲烷的速度失调而引起挥发酸（乙酸、丙酸、丁酸）的积累，导致pH值下降。这是造成沼气池启动失败或运行失常的主要原因。

在沼气发酵过程中，pH值变化规律一般是：在发酵初期，由于产酸细菌的迅速活动产生大量的有机酸，使pH值下降；但随着发酵继续进行，一方面氨化细菌产生的氨中和了一部分有机酸，另一方面甲烷菌群利用有机酸转化成甲烷，这样使pH值又恢复到正常值。这样的循环继续下去使沼气池内的pH值一直保持在7.0～7.5的范围内，使发酵正常运行。所以沼气池内的料液发酵时，只要保持一定的浓度、接种物和适宜的温度，它就会正常发酵，不需要进行调整。

2.3 沼气用具与设备

用于沼气的产品一般常用的有沼气灶、沼气灯、沼气压力表、沼气开关、直通、三通、输气导管，除此之外，还有沼气灯电子点火器、沼气气水分离器、沼气脱硫器、沼气热水器、沼气饭锅等。

2.3.1 沼气燃烧器具

1. 沼气灶

（1）灶具的分类。按点火方式分为压电点火和脉冲点火两类。压电点火系统是由压电开关组成；脉冲点火系统是由脉冲点火器和开关两部分组成。按灶头分可分为单灶和双灶。

（2）沼气灶的组成

一般使用的沼气灶是大气式燃烧方式的沼气灶，典型结构如图 2-1 所示，大气式沼气灶主要由喷嘴、总成、空气调节板、引射器和燃烧头部五个部分组成。

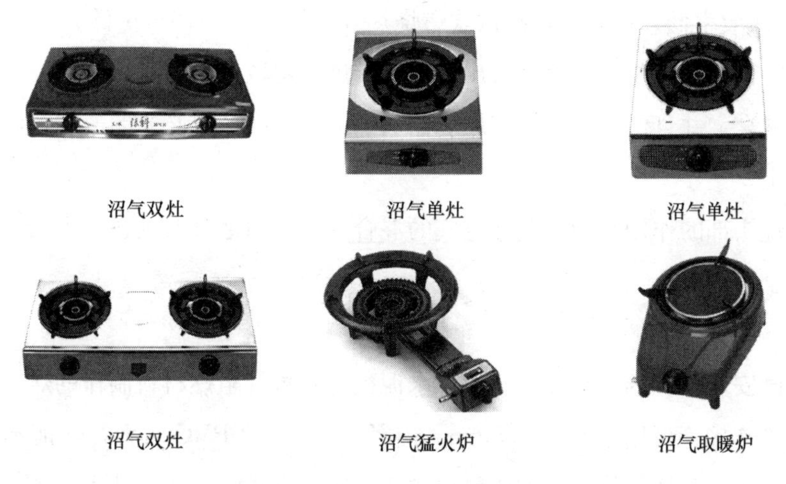

图 2-1 各种类型的沼气灶具

喷嘴的作用是输送燃烧所需的沼气，控制沼气流量（即负荷）。喷嘴的口径由大到小逐渐收缩，是把沼气的静压转化为动能的关键零件，并在喷出沼气的同时带进一次空气。喷嘴一般用铜制成，加工精度较高，喷嘴设计和加工工艺的好坏直接影响燃烧器的性能和使用效果。喷嘴通常固定在总成上。

总成的作用是操作沼气的开启与关闭、控制沼气的流量、压力及大小的转移、总成上装有自动点火装置，是点火与流量调节的重要零件。

总成的外壳一般为铝铸造，中心有一个铜制的圆锥体，圆锥体上有两个孔，一个 Φ5、Φ0.5，当旋扭带动圆锥体旋转将大孔堵死时，沼气只能通过小孔进入头部燃烧即中心小火燃烧，正常使用时中心小火和大火同时燃烧。

空气调节板的作用是根据沼气的流量、压力的变化、沼气热值的大小调节一次空气量。在使用过程中，千万不能把空气调节板关闭，否则，大气式燃烧就变成扩散式燃烧，扩散式燃烧存在以下缺点：

1）燃烧很不完全，燃烧烟气中 CO 含量较高。既浪费了沼气，污染了环境，又危害人体健康。

2）燃烧温度很低，火焰温度一般只有 300～400℃，而大气式燃烧温度可达 1000℃以上。

3）火焰虚，轻飘无力和烧柴火草一样。看起来好像火焰很大、很高，但实际都是一些温度不高的虚焰，轻飘地跑出锅外，损失大量的热量。

4）热效率低。据测定，扩散式燃烧热效率只有 50％甚至更低。

引射器的作用是依靠喷嘴喷出的沼气带进一定数量的空气，同时使沼气和空气均匀混合，并且使混合气体在燃烧器头部的出气孔形成必要的速度，以保证燃烧的稳定。

燃烧头部的作用是使沼气和空气的混合气体均匀地分布到各个火孔，进行稳定和完全燃烧。

（3）安装

将已安装灶脚的灶具放在石板、水泥板、瓷板等阻燃材料制作的灶台上，接上沼气。连接管可用壁厚为 1.5mm、内径为 8mm 的 PVC 软管，灶前不要留过长软管。撕去不锈钢灶面上的塑料保护膜，脉冲点火灶具还应装入一节 5 号碱性电池（注意电池正负极不要接反），按下灶旋钮能听到“哒哒哒”声音，说明电池已装好了，请用户记住“哒哒哒”声的速度，如过几个月“哒哒哒”声过慢就说明应该更换电池，如长期低电压工作，将会损坏脉冲点火器。

(4) 沼气灶的使用方法

1) 点火。将打火旋钮在上方垂直位置上，然后打开气源。压电开关和脉冲开关都设有自锁装置，点火时应先向前推，再向左旋，如强行扭动，会损坏开关。压电开关动作应先慢推向左旋至45度角时再快旋转至90度。这样，可以让点火器周围充满沼气，容易点燃。压电点火沼气灶，压下打火旋钮逆时转动，发出“啪”的一声，即能自动点燃引火火焰，在确认引火火焰点燃主火之后方可放手，此位置是火力最强的。脉冲点火沼气灶，需装上一节1号电池，压下打火旋钮，听到脉冲器发出的吱吱声时，向逆时针方向慢慢转动，即能自动点燃引火火焰，在确认引火火焰主火之后方可放手，此位置是火力最强的。

2) 压电和脉冲点火沼气灶火力调节。

①当进气管中存在空气导致引火火焰点火不中时，须重复以上点火程序，将管道内的空气排出后方能点燃。

②火力调节：把旋钮顺、逆缓慢旋转，可调节火力大小，当旋钮处在水平位置时，火力是最强的。

3) 调风门。产气正常的沼气池，甲烷含量高，燃烧时需要比较充足的空气。刚投料或刚换料产气还不正常的沼气池甲烷含量低，如空气太多则会脱火、熄灭。因此需要根据具体情况来调节风门，在打火旋钮下方、炉具的底部设有空气调节板即风门，左右拨动能调节适当的空气，使火焰稳定清晰。风门是两个蝶形不锈钢片，分为大火风门和小火风门，盖上就是关闭风门。灶具在正常使用时，先调大火风门再调小火风门，正常的火焰为蓝色。火焰偏红则证明甲烷含量低，气还不纯；火苗离开炉盘燃烧则为进风量过大；火焰连成一片为风门过小，风门过小时，火苗蹿得很高，看似火很大，这种火焰热值不高。一般压电点火的灶具，需到气质较好时才能用电子点火，如气不纯，则不要急于用电子点火。

4) 调压力。电子点火灶具是一种压力适应范围较大的高效节能沼气灶，在0.5kPa或5kPa以上，都能正常燃烧。但最理想的压力是1.6kPa。如果压力偏高，需通过调压开关将沼气流量减小，使气流速度降低来提高电子点火率。

5) 熄火。将打火旋钮顺时针转动至上方垂直上能自动熄火。

(5) 使用沼气灶的注意事项

1) 灶具着火后，脉冲仍发生吱吱声，将旋钮开关提起复位。

2）按下旋钮开关，听到脉冲着火的吱吱声（却无火花），先检查导线是否脱落，然后检查旋钮是否与阀体的旋钮转轴端接触，如未接触，取下旋钮，在孔内垫适量的纸片等即可。

3）发现漏气时，请即时停止使用，关闭炉具及沼气管道开关，切勿开、关电器用具及燃点火柴和使用打火机等。

4）使用时如有煮液淋熄（灭）炉火，出现黄焰红火，离焰飞火，炉具回火等，应即时处理。

5）不宜用来烘焙衣服、布、手物件，在使用中或刚完时不宜触摸炉架、承液盘、炉面，以免烫伤。

6）炉具宜经清抹以保持清洁卫生，美观，使用完毕后，关闭炉具开关，将旋钮置于“OFF”或“关”位置，关闭沼气总阀，确保安全。

7）沼气灶在运输过程中，使点火支架松动移位，用改刀固紧着火支架，同时应将支架着火点与点火喷嘴调到同步位置即可着火。如果点火支架未松动，不要随意搬动。

（6）养护

不管是哪种电子点火灶具，都需要经常养护。定期向开关轴芯和开关压条上滴润油，每月滴一次，每次2～3滴。火盖上的孔洞面积是经过计算而设计的，孔洞面积小了，就会影响燃烧效果。如发现灶具火焰不均匀或发红，就应清理火盖孔的脏物，如火盖孔长期被堵，会造成灶具回火，烧坏开关总成。

2. 沼气灯

（1）沼气灯的组成及工作原理

1）沼气灯的组成

沼气灯一般由喷嘴、泥头、纱罩、反光罩、玻璃灯罩等主要部件组成，沼气灯具及配件结构如图2-2所示。喷嘴和引射器的作用与炊事燃具的原理、作用相同。泥头是用耐火材料制成的，端部开有很多小孔，起均匀分配气流和缓冲压力作用，上面安装着纱罩。纱罩是用苎麻、植物纤维、人造丝按3∶5∶15的比例配线织网，然后用98.5%～99%的氧化钍（ThO）和1%～1.5%氧化铈（CeO_2）溶液浸渍而成的发光元件。灯盘用来安装玻璃罩，并起到反光和聚光作用，一般用白搪瓷或铝板制成。玻璃灯罩用耐高温玻璃制成，用来防风和保护纱罩，防止飞蛾撞击。

图 2-2　沼气灯具及配件

2）沼气灯具的工作原理

沼气由输气管送至喷嘴，在一定的压力下，沼气由喷嘴喷入引射器，借助喷入时的能量，吸入所需的一次空气（从进气孔进入），沼气和空气充分混合后，从泥头喷火孔喷出燃烧，在燃烧过程中得到二次空气补充，由于纱罩在高温下收缩成白色珠状——氧化钍在高温下发出白光，供照明之用。一盏沼气灯的照明度相当于 40～60W 白炽电灯，其耗气量只相当于炊事灶具的 1/5～1/6。

（2）沼气灯的点火方式

沼气灯的点火方式分为人工点火和脉冲点火器点火两种类型。

1）人工点火

需要点火棒直接对纱罩处进行点火，这种点火方式比较麻烦。

2）脉冲点火器点火

可用配套沼气灯脉冲点火器进行点火，但需要定期更换电池，这种点火方式比较方便。

（3）沼气灯的安装使用

用户在使用前应仔细阅读说明书，检查有无灰尘或污垢堵塞喷嘴及泥头，检查喷嘴与引射器装配是否同心，定位是否固定。纱罩是否与泥头配套而且不能受潮。将纱罩牢固地固定在泥头上且分布均匀，安装好玻璃罩。将开关打开，快速用点火棒或脉冲点火器对沼气灯进行点火，看到纱罩被点燃后停止点火。调整风门控制一次空气与沼气的混合比，直到沼气灯发出白光为止。日常使用时应注意沼气压力的大小，压力过大，在点火时应适当关小开关以免冲破纱罩或烧裂玻璃罩。要经常擦洗反光罩并保持前面的清洁，以减少光的损耗（白色或黄色墙面反光效果最好）。

1）新沼气灯使用前，先不安纱罩进行通气试烧，若火焰呈淡蓝色，短而有力，均匀地从泥头孔中喷出，并发出呼呼的响声，火焰燃烧稳定，没有脱火、回火等现象，表明灯的性能好。这时，可关闭沼气阀门，待泥头冷却后即可安上纱罩。

2）安装纱罩时，应将其牢固地套在泥头槽内，将石棉线绕扎两圈以上，并打结扎牢后，剪去多余的线头，然后将纱罩的皱褶拉直，使其分布均匀。

3）新纱罩初次点燃时，要求有较高的灶前压力，保证有足够的沼气量将纱罩烧成球形。然后再点灯时，启动的压力应徐徐上升，以免冲破纱罩。

4）沼气灯纱罩燃烧后，人造纤维被烧掉，剩下的是一层二氧化钍的白色网架。由于二氧化钍是一种有毒的白色粉末，一触就破，所以，燃烧后的纱罩不能用手摸或用其他物体触击。

（4）沼气灯的使用及注意事项

使用沼气灯的用户在使用沼气灯时应注意的事项包括以下几项内容：

1）用户在使用沼气灯前，应认真阅读产品安装使用说明，检查有无灰尘或污垢堵塞喷嘴及泥头火孔，检查喷嘴与引射器装配是否同心，定位是否固定。对常用的低压灯采用稀网150支光纱罩或200支光纱罩，高压灯用150支光纱罩，注意纱罩不应受潮。

2）对新购的沼气灯，在未安装纱罩前进行通气试烧，若火焰呈蓝色，短而有力、燃烧稳定，无脱火、回火现象，说明该灯性能良好。

3）安装纱罩时，应牢固地套在泥头槽内，将石棉线绕扎两圈以上，打节扎牢后，剪去多余线头，然后将纱罩的皱褶拉直、分布要均匀。

4）初次点燃新纱罩时，将沼气灯压力适当调高，以便将纱罩吹起，成形过程中纱罩从黑变白，此时用工具将纱罩整圆，在点燃过程中如火焰飘荡无力，灯光发红，可调节一次空气，并向纱罩均匀吹气，促其正常燃烧，当发出白光后，稳定2～3分钟，关小进气阀门，调节一次空气使沼气灯燃烧达到最佳亮度。

5）日常使用时，调节开关达到沼气灯的额定压力，如超压使用容易造成纱罩及玻璃罩的破裂。

6）定期清洗开关，并涂以密封油，以防开关漏气。

7）注意经常擦拭沼气灯上的反光罩、玻璃罩，保持沼气灯原有的发光效率。

3. 沼气热水器

沼气热水器在现有热水器的进气处装有稳压器，该稳压器通过调压螺钉的轴向移位调节弹簧对弹子的压力，达到调节沼气进气压力的目的，通过压力表的显示，保证沼气压力符合热水器对气压的设计要求，解决了热水器以沼气为气源时压力不稳的问题，从而使热水器进入广大农户，为民造福，同时也有利于推动我国农村沼气事业的发展。卧式和立式沼气热水器的结构如图 2-3 所示。

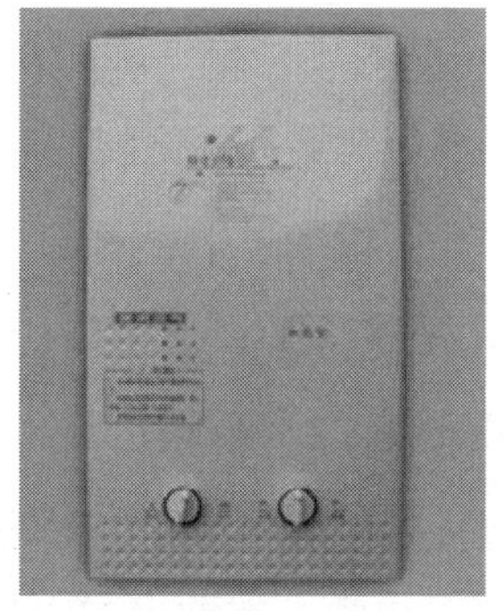

立式沼气热水器

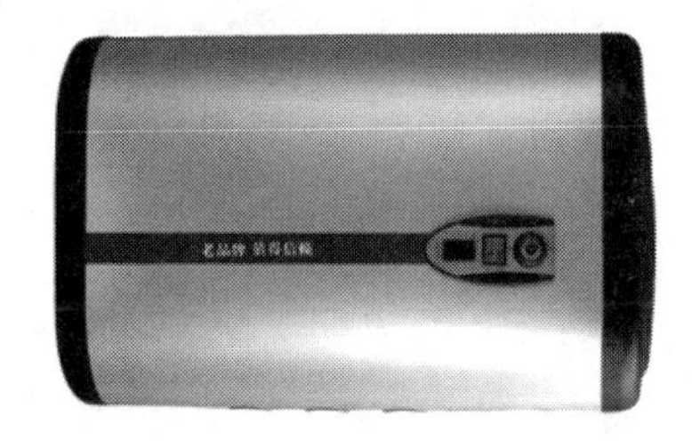
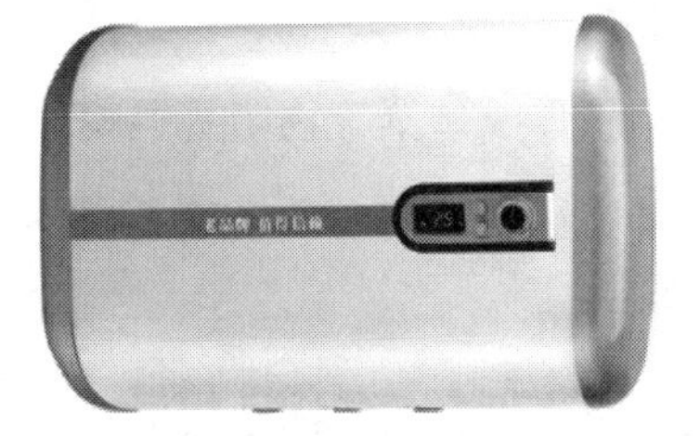

卧式沼气热水器

图 2-3 沼气热水器

（1）沼气热水器的安装

为了方便拆装、维修和保养，在热水器上方应留有 600mm 以上空间，两侧留有 300mm 以上的空间。热水器的观火窗口的高度约为成人站立时眼睛平视的高度（距地面约 1400～1600mm 高度）。沼气热水器与可燃物、煤气灯、电器和电力线的距离应大于500mm。热水器应固定在耐火的砖墙面上，并用膨胀螺钉拧紧。

（2）沼气热水器管路连接及检查

接口管径必须是G1/2″的管螺纹。进气接头处绝对不可忘记装橡胶密封垫，一定要将活接头拧紧，用卡箍紧固软管。冷水进入管在安装前必须冲洗干净，以免安装后有杂物堵塞水路。供水管和供气管管路间应设置阀门，以便安装和维修。安装完毕后对管路进行漏水检查和漏气检查，用毛笔沾肥皂水检查供气管路，确认密封良好，即可使用。

（3）沼气热水器烟道安装

排烟系统的有关部分均采用耐高温、抗腐蚀和不能燃烧的材料。沼气热水器配用的烟管（用户自配）、内径等应参见技术参数表，并根据配用烟道的外形尺寸和墙面实际情况，在墙壁适当位置开圆孔。烟道与圆孔钻之间的间隙不得用水泥类东西填充，否则，不利于维修保养。用圆孔钻将水平烟道固定方孔内，并将烟道伸出墙外。当墙壁为可燃性材料构成时，要在水平烟道周围用厚20mm以上的不燃材料加以隔热。如驳接公共烟道，则热水器水平烟道伸入段应尽量短些，并且与公共烟道波接处密封不漏气。切勿将烟道连接在洗手间的排气管上。

烟道外形尺寸应符合单独烟道的安装要求，烟筒总高度大于2m，垂直段应大于2m；水平段应小于3m。应选用圆形、H形或斜H形防雨、防风帽，要特别注意勿使积雪或鸟巢等物堵塞风帽。风帽应设在各个方向都能使空气畅通的地方，其位置要比房顶高出60cm，比周围10m以内建筑物的房檐高60cm以上。

4. 沼气饭锅

适用于沼气燃料的饭锅结构形式有很多种，图2-4中给出了三种结构形式的沼气饭锅。这里简单介绍一下沼气饭锅的使用方法。

沼气饭锅（普通型）3L

沼气饭锅3L

沼气饭锅3L

图2-4　沼气饭锅

（1）沼气饭锅应放置于平稳通风之处，并离墙 10cm 以上，勿近其他易燃易爆物品。

（2）使用质优的沼气。

（3）安装时必须使用直径 9.5mm 的沼气软管，将软管置入饭锅的燃气入口接头，并用管夹夹牢固。

（4）沼气饭锅在启用前安装一节 5 号电池（DC1.5V）于底座的电池盒内，安装时要注意正负极方向。

（5）清洗后加足水后把内锅的表面水滴擦干，安放平正。

（6）煮饭前必须将煮饭、保温按键提起上端（关）的位置，然后打开燃气总开关。

（7）轻缓地按下煮饭、保温按键，电脉冲点火器电极即发出 3～5s 的连续打火声，火即自动点燃。

（8）有时由于软管内充有空气而点不着火，应待打火声停止，立即把按键提起上端（关）的位置，再重复按下按键，直至点着为止。

（9）点火时必须在观察窗观看，确认主燃烧器已正常燃烧后才能离开。

（10）饭熟后煮饭按键自动跳起，主燃烧器关闭，进入保温状态，若蒸煮其他食物，煮饭按键不能自动跳起，若需要保温时，必须将煮饭按键提起上端（关）的位置，保留保温按键不提起。不需保温时，务必将保温按键提起上端（关）的位置，然后关闭燃气总开关。

2.3.2 沼气输气管及配件

1. 沼气输气管道

（1）输气管

输气管是保证沼气池生产的沼气能顺利地送到沼气灶或沼气灯去燃烧的装置。对沼气输气管的主要质量要求是能够承受 10kPa（1000mm 水柱）的压力不泄漏、耐老化、抗拉伸。所以，使用的沼气输气管应选择质量合格的塑料输气管。

1）常用材质

输气管要求气密性好、耐老化、耐腐蚀、价格低，常用的有钢管，铸铁管和塑料管等，钢管是燃气输配工程中使用的主要管材，用钢管作为燃气管的主要优点是强度大，气密性好，焊接加工方便，比铸铁管节省金属材料，但钢管的耐腐蚀性较差。作为燃气管道的钢管，一般应用低合金钢制成。在农村沼气中，常选用聚乙烯的半硬管，如图 2-5 所示，也有使用聚氯乙烯硬质管。

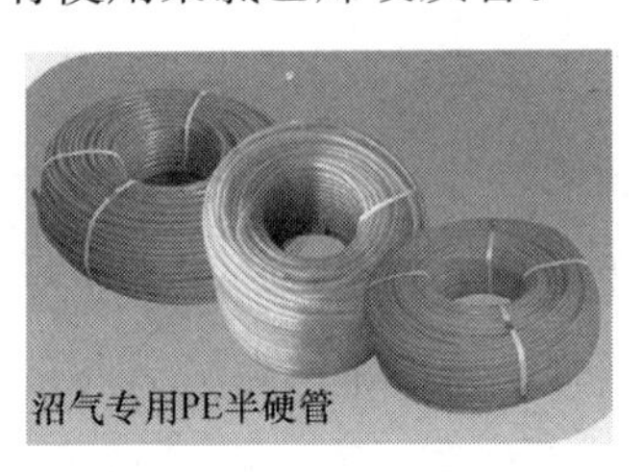

图 2-5　沼气半硬管

2）管径

沼气输气管的内径应根据气压、输送距离、用气量等因素决定。对于农村户用沼气池，输气管内径的大小，要根据沼气池的容积，用气距离和用途来决定。一般农户使用的沼气池输气导管的内径以 8～10mm 为宜，当距离沼气用具 10m 左右时，可选用内径为 8mm 的输气管；如果条件许可，室外选用内径 14mm、室内选用 12mm 的输气管更好。若沼气池容积大，用气量大、用气距离较远时，则输气导管的内径应当大一些。特别是用于动力的大沼气池，由于耗气量较大，其输气导管内径应在 20mm 以上。

3）输气管道的布置

暴露在室外的塑料（或橡胶）输气导管，由于日晒雨淋，时间长了就会老化破裂。在输气管外面套上塑料硬管（或竹管）可延长使用寿命，埋地敷设的输气导管也可在外面套上塑料管、铁管或砖砌沟槽。

输气管走向要合理，要有一定的坡度，一般朝沼气方向倾斜 0.05%，而且长度越短越好，过长的管子要截掉，不要盘成圈，挂在墙上或其他地方，这样等于增长管道距离而使沼气压力损失增大，不允许使用再生塑料管作为输气管。输气管道的布置要求：

① 沼气池至灶前和管道长度一般不应超过 30m；

② 当用户有两个沼气池时，从每个沼气池可以单独引出沼气管道，平行敷设，也可以用三通将两个沼气池的引出管接到一个总的输气管上再接向室内（总

管内径要大于支管内径)；

③ 庭院管道一般应采取地下敷设，当地下敷设有困难时亦可采用沿墙或架空敷设，但高度不得低于 2.5m；

④ 地下管道埋设深度南方应在 0.5m 以下，北方应在冻土层以下。所有埋地管道均应外加硬质套管（铁管、竹管等）或砖砌沟槽，以免压扁输气管；

⑤ 管道敷设应有坡度，一般坡度为 1%左右。布线时使管道的坡度与地形相适应，在管道的最低点应安装气水分离器。如果地形较平坦，则应使庭院管道坡向沼气池。

4）输气管道的安装

安装前，要检查输气管是否漏气，尤其是埋地输气管必须检查。

检查方法：将管子放在水中，堵住管口的一端，用打气筒向另一端打气或吹气，观察管子的周围有无气泡冒出。如无气泡，则输气管不漏气；反之则漏气。

沼气输气管道常有两种安装方式，一种是架空或沿墙敷设，在我国南方地区常用；另一种是把管子埋在地下，在我国北方地区常用。架空或沿墙敷设方法比较简单，埋地敷设可以延长塑料管的使用寿命。输气管道的材质一般有软塑料和硬塑料两种类型，施工时应根据不同的材质对管道采取相应的措施。

软塑料管的安装应满足以下要求：

①软塑料管采用沿墙敷设或埋地敷设，要保证管道有 0.5%～1%的坡度，坡向集水器或沼气池，使管中冷凝水能够自动流进沼气池或集水器；

②采用架空敷设塑塑料管时，穿过庭院，其高度应大于 2.5m，最好拉紧一根粗铁丝，其两头固定在墙壁或其他支撑物上，每隔 0.5m 左右将塑料管用钩针或塑料绳箍紧在粗铁丝上，以免塑料管垂下和积水；

③管道转角处，不能拐弯，也不能打死弯和拆扁管道，应呈大于 90°圆弧形的拐弯或接弯头；

④管子走向要合理，长度是越短越好，多余的管子要剪下来，不要将多余的管子盘成圈状保留在管道中，以免增加在管路中的压力损失。

硬塑料管的安装应符合以下方面的要求：

①一般采用埋地敷设，即在室外地下挖沟、室内沿墙敷设。室外管道埋深应大于 400mm，寒冷地区应埋在冻土层下，最好用砖砌沟槽保护。室内管道沿墙

敷设，用管卡固定在墙壁上，管卡间距为500mm；

②管道转弯处，应采用与管径相配的弯头和三通等管路配件连接；

③管道要尽可能短（近）、直。在布线时最好使管道的坡度与地形相适应，并在管道的最低点安装集水器或自动排水器。如果地势平坦，应使室外的坡道有0.5％～0.6％的坡度，坡向沼气池或集水器；

④硬塑料管一般采用承插式胶粘连接。在用涂料胶粘前，要检查管子和管件的质量和承插配合。如果插入困难，可先在开水中使承口胀大，不得使用锉刀或砂纸加工承接表面或用明火烘烤。涂敷胶黏剂的表面必须清洁、干燥，否则影响黏接质量；

⑤胶黏剂，一般采用刷漆或毛笔顺次均匀涂抹，先涂管件承口内壁，后涂插口外表。涂层应薄和匀，不能留有空隙。已经涂胶，即应承插连接。注意插口必须对正插入承口，防止歪斜引起局部胶黏剂被刮掉产生漏气通道。插入时要求勿松动，切忌转动插入。插入后以承口断面周围有少量的胶黏剂溢出为最佳。管子接好后不得转动，在通常操作温度（5℃）下静置10min后，才能移动，雨天不得进行室内外管道连接。

5）注意事项

管道系统设计时应尽量短而直，从沼气池到用具的管子总长度最好不要超过25m，以减少管道造成的压力损失。

输气管的各接头要连接牢固严密，防止松动和漏气。

尽量少安装开关等配件，以减少管件对沼气压力降低的影响。一般情况下，在农村家用沼气输气系统中可以安装一个总开关和各用具的控制开关。

在沼气输气管道安装前，应对所有的管子和配件进行气密性检查，检查的方法通常可以将要检查的管子和配件充气至压力为10kPa，放入水中，不冒气泡即为合格。

室外架空高度应大于2.5m，并用管卡或管架固定。

埋地管的深度应在冻土层下，最小深度应大于0.4m。如果沼气管道穿越重要道路或桥梁时，应加装套管保护，防止沼气泄漏，软塑料管埋地敷设时，应加钢管，硬塑料管、竹管等硬质套管或用砖砌成沟槽，防止压扁、压坏输气管。

此外，农村家用沼气池沼气管路在施工和安装时还应依据国家标准《农村家用沼气管路施工安装操作规程》GB 7637—87中做出的详细规定执行。

(2) 导气管

导气管是指安装在沼气池顶部活着活动盖上面的出气短管，其形状及固定卡如图2-6所示。要求耐腐蚀，有一定的强度，内径一般不小于12mm。常用的材质为镀锌管、ABS工程塑料、PVC塑料等。

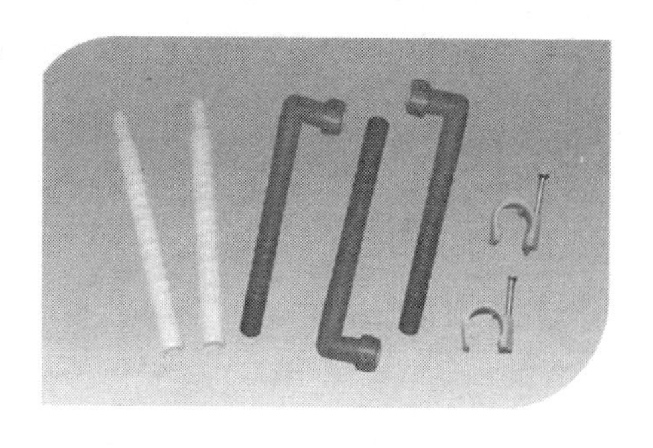

图2-6 沼气专用导气管

2. 沼气管道配件

沼气管道配件包括沼气开关、压力表、气水分离器、脱硫器、管件（直通、三通、四通、弯头等）、开关、线卡等。

(1) 沼气开关

沼气开关是控制和开通或关闭沼气输送通道的管道配件，同时也可调节沼气流量的大小，是输气管道上的重要部件，其形状如图2-7所示。沼气管道上的开关多采用球阀、旋塞阀、逆止阀和闸阀等。沼气开关应耐磨、耐腐蚀、光滑，有一定的机械强度，并且要求其气密性好、通道孔径必须足够，转动灵活，开关迅速，粗糙度好，安装方便；两端接头要能适应多种管径的连接。农村户用沼气池常用铜开关、铝开关，铜开关的质量好，经久耐用，应首先选用。图2-8（*a*）给出了一种防腐开关的形状，图2-8（*b*）给出了半硬材质制成的开关形状。输气管道中的开关数量应尽量少，以能维持和满足运行的最低要求为准。

每个灶或灯具前装一个开关是比较合理、安全的。有的用户在导气管后装总开关，管道分叉处都装开关，这种做法完全不必要。每多装一个开关，不仅多花

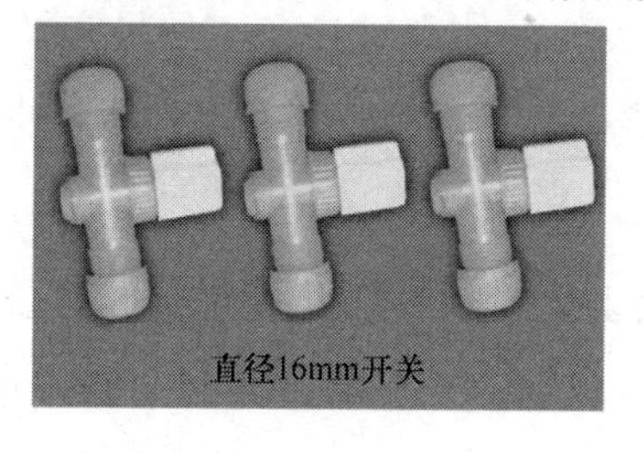

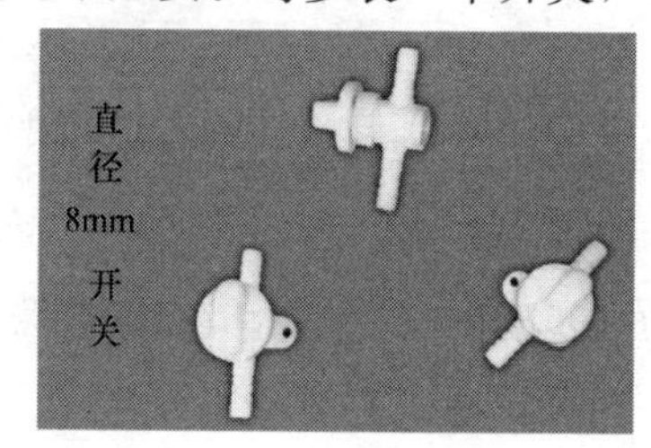

图2-7 沼气开关（一）

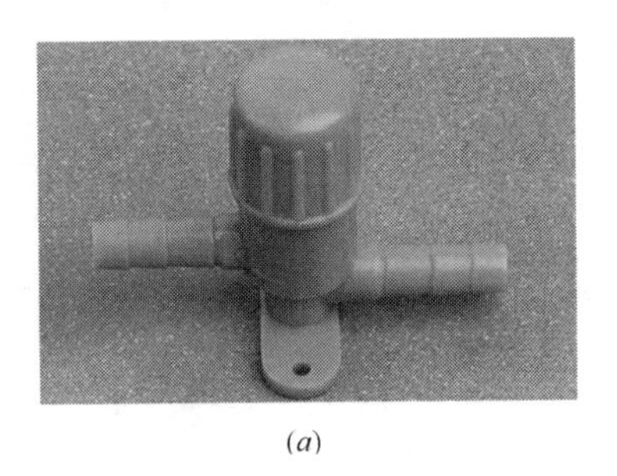
(*a*)

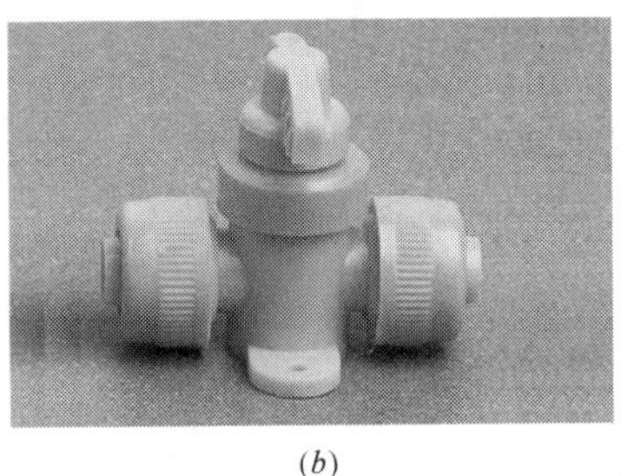
(*b*)

图 2-8　沼气开关（二）

（*a*）沼气防腐开关；（*b*）沼气半硬开关

钱，而且开关与输气管接头越多，输气管漏气的机会就越多，同时沼气压力损失也越大，容易造成沼气的灶前压力达不到灶具的设计要求，会影响点火，降低灶具的热效率和热流量，达不到沼气灶应有的使用效果。

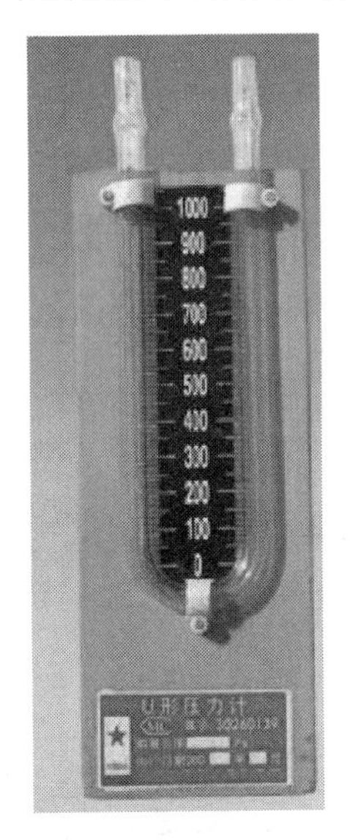

图 2-9　U 形玻璃管式液位压力表

（2）压力表

压力表的主要作用是检验沼气池和输气管道是否漏气，另一个作用是观察沼气量的多少，用气时可根据压力大小来调节流量，在正常使用时可根据压力的大小调节气流量使灶具在最佳条件下工作。但检验沼气池是否漏气只能用 U 形压力表不能使用膜盒压力表。

目前，农户使用的压力表大部分是 U 形玻璃管式液位压力表，如图 2-9 所示，它是一种液体式压力计，利用流体静力平衡原理，根据液体高度直接进行压力测量的仪表。这种压力表结构简单，使用灵敏高，价格低廉，但玻璃管在运输中易破碎，使用一段时间后，由于温度的变化造成示值不准，刻度模糊不易读数，当沼气池压力快速增高的情况下，U 形压力表的液体会被冲走，如果未及时处理，则易发生安全事故。目前已逐步使用的膜盒式压力表，由于体积小，外观美观、轻便、灵敏度高，迅速替代 U 形压力表。

压力表正确的安装位置应在输气管路上灶前开关与沼气灶之间。这样安装开关开大，压力上升，开关关小，压力下降，便于看表掌握灶具的工作情况。同时，在使用时，要尽可能地控制灶具的使用压力，使其保持设计压力，特别不宜过分超压运行，以免压力太大，火跑出锅外，浪费沼气。

农业部标准 NY/T 858—2004《沼气压力表》中的规定适用于金属膜盒和橡胶膜盒沼气压力表两种类型，要求沼气液体压力计的质量按 JB/T 6803.2—1993 的规定执行。沼气压力表的外形结构如图 2-10 所示。

图 2-10（a）为农村沼气推广工程推荐的沼气压力表，图 2-10（b）为河南绿博生产的沼气压力表。根据压力表盘上的显示数据判断灶具的燃烧状态示意图如图 2-11 所示。

(a)

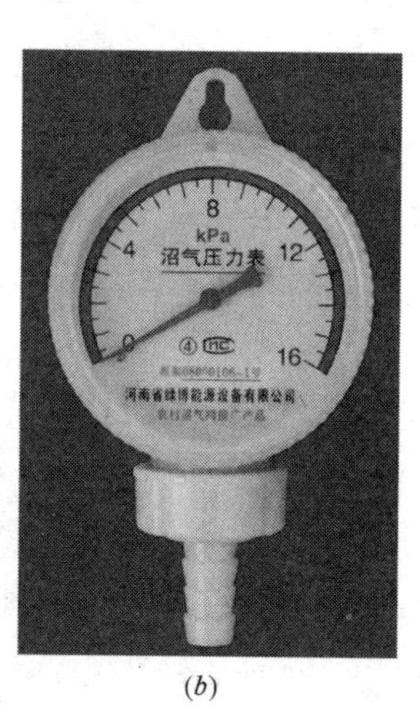

(b)

图 2-10　沼气压力表

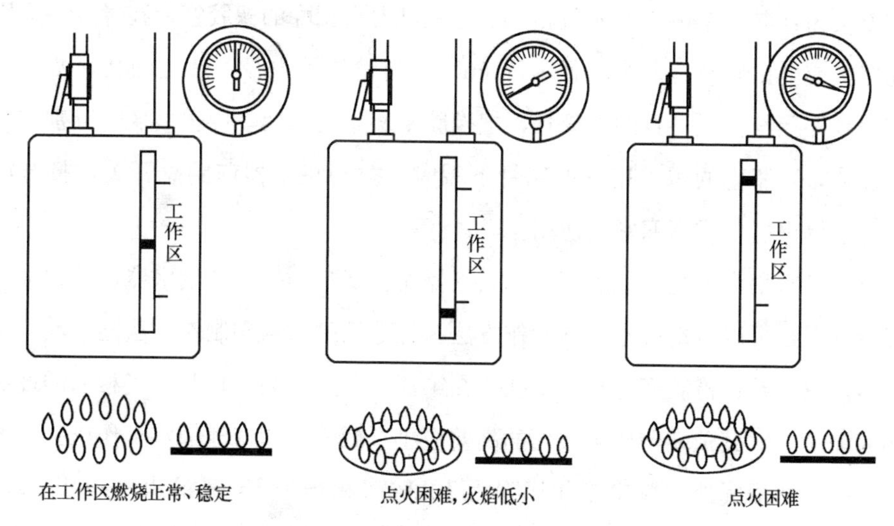

图 2-11　压力表与燃烧状态示意图

注意：沼气池内沼气多时，压力表指示达到表压极限值 10kPa，此时应尽快使用沼气，保护压力表和沼气池，避免发生表被憋坏或沼气池密封盖被冲离，膨胀压坏池壁事故。

（3）气水分离器

气水分离器，也称集水器，是用于清除和收集输气管中积水的装置，有人工集水器和自动集水器两类。沼气中有一定的饱和水蒸气，通常情况下，池温越高沼气中的水蒸气含量越高，这些水蒸气在输气管道中冷却后变成水，如不清除，将积累在管道中，从而堵塞管道，使沼气输送受阻。在用气时，压力表指示的压力波动，沼气灶等用具燃烧不稳定，火焰忽大忽小，忽明忽暗。在寒冷地区，常常因积水结冰，沼气输送不畅或无法输送，严重影响用气。为除去输气管中的积水，一个较好的方法是在输气管道中安装集水器，其外观形状如图 2-12 所示。

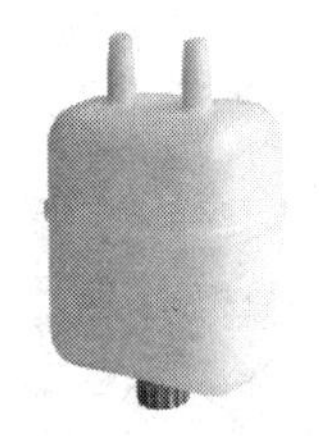

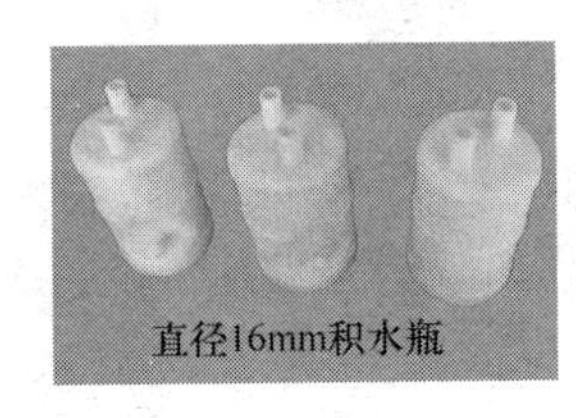

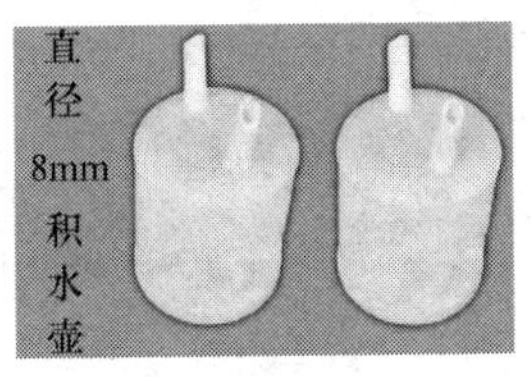

图 2-12　沼气集水器

集水器可以直接购买，也可以采用简单的材料自己制作。手动排水集水器的制作方法为：取一个广口玻璃瓶和一个与瓶口大小相配的橡胶塞，在橡胶塞上用打孔器（或电钻等）打两个直径为 8mm（或与输气管内径一致）的孔，两个孔内都插入外径与孔径一致的玻璃管，把橡胶塞塞紧玻璃瓶，两根玻璃管分别与输气管连接，当瓶中的积水接近玻璃管下端时，关闭集水器前的总开关，打开瓶塞，将水倒出后，重新塞紧后使用。

自动排水集水器是指积水不需要人工操作就能自动排出的集水器，这种集水器安装好后，可以自动排水。其操作方法为：选用的材料和制作方法同手动排水集水器，只需要在橡胶塞上打三个孔，在第三个孔上安装一根与大气相通的玻璃管作为溢流管，其顶端与瓶中液面的高差应小于或等于沼气池额定工作压强下的水柱高度，如沼气池的额定工作压强为 10kPa（相当于 1m 高的水柱），即溢流管顶端与瓶中液面差应小于或等于 1m。集水器应安装在输气管路的最低点位置。

目前使用较多的是重力式气水分离器。其分离器原理是：沼气池产的沼气由气水分离器进口管，进入管体后，因器体截面积远远大于进口管截面积，致使沼气流速突然下降，由于水与气的比重不一样，造成水滴下降速度大于气流上升速度，水下沉到器底，沼气上升从出口管输出。

如果没有气水分离器，沼气灶具燃烧时输气管里会有水泡声，沼气灶的火焰会忽高忽低，像喘气一样，沼气灯经常一闪一闪。出现这些情况的原因是沼气中的水蒸气在管内凝积或在大出料时因造成负压，将压力表内的水倒吸入输气管内，严重时，灶、灯具会点不着火。如安装了气水分离器就可以解决这个问题。气水分离器应安装在输气管最低处。

（4）脱硫器

沼气中含有一定数量的硫化氢，硫化氢是一种酸性气体，对管道、开关阀门、仪表等设备均有腐蚀性，对家用电器也有腐蚀作用。为保证正常供气，延长设备的使用寿命，在输气管路中必须安装脱硫器，沼气脱硫器及脱硫剂如图2-13所示。

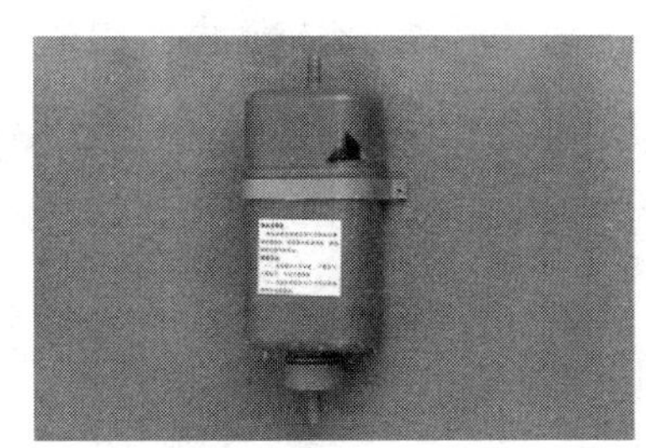

图 2-13 沼气脱硫器及干脱硫剂

1）脱硫器的工作原理

沼气中通常有微量的硫化氢气体，硫化氢对于开关、点火装置、燃烧器等，特别是铜质的开关、点火装置、燃烧器具有较强的腐蚀性。此外，硫化氢燃烧后产生的二氧化硫等酸性气体，会对环境造成危害。因此，在一个完善的沼气输配系统中应安装脱硫器，脱除硫化氢。

脱硫器是用于脱除沼气中的硫化氢的装置，有壳体、盖子、进气管和主气管组成。在常温下，含有硫化氢的沼气从脱硫器的进气口进入，硫化氢与脱硫物质接触，发生反应生成硫化物，脱硫的沼气从出气口进入输气管道。

户用脱硫器有干式脱硫器与湿式脱硫器两种。干式脱硫器采用氧化铁脱硫法，当含有硫化氢的沼气通过脱硫器时，硫化氢与活性氧化铁接触，生成氧化铁或硫化亚铁，从而脱除沼气中的硫化氢。干法脱硫具有工艺简单、成熟可靠、造价低等优点，并能达到较好的净化效果。目前家用沼气脱硫器基本上采用这种方法。干法脱硫剂有活性炭、氧化锌、氧化锰、分子筛及氧化铁等。从运转时间、使用温度、公害、价格等因素综合考虑，目前采用最多的脱硫剂是氧化铁（Fe_2O_3）。湿式脱硫器采用化学吸收脱硫法，当含有硫化氢的沼气通过脱硫液时，硫化氢与脱硫液中的脱硫化学物质反应，生成硫化物，从而脱除沼气中的硫化氢。

2）安装与使用

脱硫器应安装在集水器的后面，在脱硫器前安装开关。一定要保证安装好，不漏气。

脱硫器中的脱硫物质有一定的容量，干式脱硫器一般为30%，超过容量后（一般使用4～6个月），脱硫物质就达到了饱和状态，对于干式脱硫器，要倒出固体脱硫剂在空气中自行氧化，最好阴干，待黑色渐变成橙、黄、褐色，然后装入脱硫瓶中又可再次使用。脱硫物质通常可以再生2～3次。对于湿式脱硫器，也要将液体倒出，放置在空气中进行氧化，再生后装入脱硫瓶中，同时还可以补充新的脱硫剂。

3）注意事项

干式脱硫器一经使用，绝不能让空气进入。如果空气进入干式脱硫器中，会与脱硫器中的脱硫剂脱下的硫发生氧化还原反应，温度可升至300℃，造成脱硫器外壳熔化、变形、烧穿等。沼气池出料时，也要防止空气进入干式脱硫器中。严禁直接在干式脱硫器中再生脱硫剂。

脱硫器使用一段时间后，脱硫器内的脱硫剂会变黑，失去活性，脱硫效果降低，也可能板结，增加沼气输送阻力，严重时，沼气会被阻塞不能通过。此时，必须将脱硫剂进行再生。再生的方法：是将失活的脱硫剂取出，均匀疏松地堆放在平整、干净、背阳、通风的场地上，经常翻动脱硫剂，使其与空气充分接触氧化再生。当脱硫剂中水分含量低时，可均匀喷撒稀碱液，以加速再生速度，缩短再生时间，一般经过1个月左右，可装入脱硫器内继续使用。脱硫剂可以再生1

～2次。

特别值得注意的是，沼气池换料时，必须将脱硫器前的开关关闭，禁止空气通过脱硫器，因为，沼气池换料时，通过输气管到脱硫器的气体已不是沼气，而是含有氧气的气体，一旦直接通入脱硫器，脱硫剂发生化学反应，温度急剧升高，会损坏脱硫器塑料外壳，而导致脱硫器不能使用，甚至影响沼气发酵。

（5）安全阀

安全阀（Aetv safety valve）是根据压力系统的工作压力自动启闭，一般安装于封闭系统的设备或管路上保护系统安全的装置，其不同材质的安全阀形状如图2-14所示。当设备或管道内压力超过安全阀设定压力时，自动开启泄压，保证设备和管道内介质压力在设定压力之下，保护设备和管道正常工作，防止发生意外，减少损失。

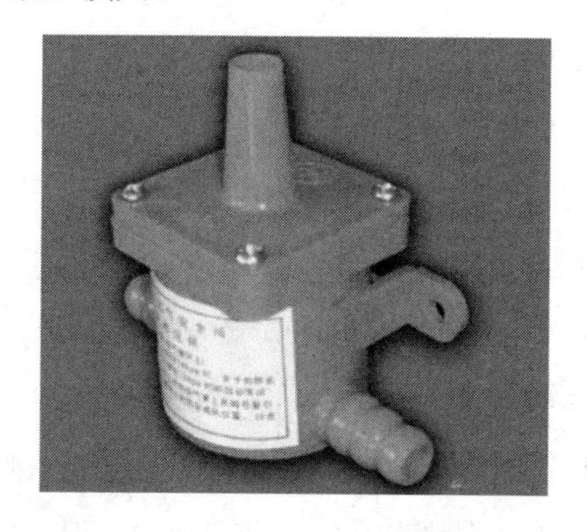

图2-14　安全阀

安全阀在系统中起安全保护作用。当系统压力超过规定值时，安全阀打开，将系统中的一部分气体或流体排入大气或管道外，使系统压力不超过允许值，从而保证系统不因压力过高而发生事故。

1）安全阀的分类

安全阀结构主要有两大类：弹簧式和杠杆式。弹簧式是指阀瓣与阀座的密封靠弹簧的作用力。杠杆式是靠杠杆和重锤的作用力。随着大容量的需要，又有一种脉冲式安全阀，也称为先导式安全阀，由主安全阀和辅助阀组成。当管道内介质压力超过规定压力值时，辅助阀先开启，介质沿着导管进入主安全阀，并将主安全阀打开，使增高的介质压力降低。在上述三种形式的安全阀中，用得比较普遍的是弹簧式安全阀。

安全阀的排放量决定于阀座的口径与阀瓣的开启高度，也可分为两种：微启式开启高度是阀座内径的(1/20)～(1/15)，全启式是阀座内径的(1/4)～(1/3)。

此外，随着使用要求的不同，有封闭式和不封闭式。封闭式即排出的介质不外泄，全部沿着规定的出口排出，一般用于有毒和有腐蚀性的介质。不封闭式一般用于无毒或无腐蚀性的介质。

2）安全阀的实际操作方法

a. 安全阀开启压力的调整

①安全阀出厂前，应逐台调整其开启压力到用户要求的整定值。若用户提出弹簧工作压力级，则按一般应按压力级的下限值调整出厂。

②使用者在将安全阀安装到被保护设备上之前或者在安装之前，必须在安装现场重新进行调整，以确保安全阀的整定压力值符合要求。

③在铭牌注明的弹簧工作压力级范围内，通过旋转调整螺杆改变弹簧压缩量，即可对开启压力进行调节。

④在旋转调整螺杆之前，应使阀进口压力降低到开启压力的 90%以下，以防止旋转调整螺杆时阀瓣被带动旋转，以致损伤密封面。

⑤为保证开启压力值准确，应使调整时的介质条件，如介质种类、温度等尽可能接近实际运行条件。介质种类改变，特别是当介质聚积态不同时（例如从液相变为气相），开启压力常有所变化。工作温度升高时，开启压力一般有所降低，故在常温下调整。而用于高温时，常温下的整定压力值应略高于要求的开启压力值。高到什么程度与阀门结构和材质选用都有关系，应以制造厂的说明为根据。

⑥常规安全阀用于固定附加背压的场合，当在检验后调整开启压力时（此时背压为大气压），其整定值应为要求的开启压力值减去附加背压值。

b. 安全阀排放压力和回座压力的调整

①调整阀门排放压力和回座压力，必须进行阀门达到全开启高度的动作试验，因此，只有在大容量的试验装置上或者在安全阀安装到被保护设备上之后才可能进行。其调整方法依阀门结构不同而不同。

②对于带反冲盘和阀座调节圈的结构，是利用阀座调节圈来进行调节。拧下调节圈固定螺钉，从露出的螺孔伸入一根细铁棍之类的工具，即可拨动调节圈上

的轮齿，使调节圈左右转动。当使调节圈向左作逆时针方向旋转时，其位置升高，排放压力和回座压力都将有所降低。反之，当使调节圈向右作顺时针方向旋转时，其位置降低，排放压力和回座压力都将有所升高。每一次调整时，调节圈转动的幅度不宜过大（一般转动数齿即可）。每次调整后都应将固定螺钉拧上，使其端部位于调节圈两齿之间的凹槽内，既能防止调节圈转动，又不对调节圈产生径向压力。为了安全起见，在拨动调节圈之前，应使安全阀进口压力适当降低（一般应低于开启压力的90%），以防止在调整时阀门突然开启，造成事故。

③对于具有上、下调节圈（导向套和阀座上各有一个调节圈）的结构，其调整要复杂一些。阀座调节圈用来改变阀瓣与调节圈之间通道的大小，从而改变阀门初始开启时压力在阀瓣与调节圈之间腔室内积聚程度的大小。当升高阀座调节圈时，压力积聚的程度增大，从而使阀门初始开启的阶段减小而较快地达到突然的急速开启。因此，升高阀座调节圈能使排放压力有所降低。应当注意的是，阀座调节圈亦不可升高到过分接近阀瓣。那样，密封面处的泄漏就可能导致阀门过早地突然开启，但由于此时介质压力还不足以将阀瓣保持在开启位置，阀瓣随即又关闭，于是阀门发生频跳。

上调节圈用来改变流动介质在阀瓣下侧反射后折转的角度，从而改变流体作用力的大小，以此来调节回座压力。升高上调节圈时，折转角减小，流体作用力随之减小，从而使回座压力增高。反之，当降低上调节圈时，回座压力降低。当然，上调节圈在改变回座压力的同时，也影响到排放压力，即升高上调节圈使排放压力有所升高，降低上调节圈使排放压力有所降低，但其影响程度不如回座压力那样明显。

c. 安全阀铅封

安全阀调整完毕，应加以铅封，以防止随便改变已调整好的状况。当对安全阀进行整修时，在拆卸阀门之前应记下调整螺杆和调节圈的位置，以便于修整后的调整工作。重新调整后应再次加以铅封。

3）安全阀常见故障及消除方法

① 排放后阀瓣不回座

这主要是弹簧弯曲阀杆、阀瓣安装位置不正或被卡住造成的。应重新装配。

② 泄漏

在设备正常工作压力下，阀瓣与阀座密封面之间发生超过允许程度的渗漏。其原因有：阀瓣与阀座密封面之间有脏物。可使用提升扳手将阀开启几次，把脏物冲去；密封面损伤。应根据损伤程度，采用研磨或车削后研磨的方法加以修复；阀杆弯曲、倾斜或杠杆与支点偏斜，使阀芯与阀瓣错位。应重新装配或更换；弹簧弹性降低或失去弹性。应采取更换弹簧、重新调整开启压力等措施。

③ 到规定压力时不开启

造成这种情况的原因是定压不准。应重新调整弹簧的压缩量或重锤的位置；阀瓣与阀座粘住。应定期对安全阀作手动放气或放水试验；杠杆式安全阀的杠杆被卡住或重锤被移动。应重新调整重锤位置并使杠杆运动自如。

④ 排气后压力继续上升

这主要是因为选用的安全阀排量小平设备的安全泄放量，应重新选用合适的安全阀；阀杆中线不正或弹簧生锈，使阀瓣不能开到应有的高度，应重新装配阀杆或更换弹簧；排气管截面积不够，应采取符合安全排放面积的排气管。

⑤ 阀瓣频跳或振动

主要是由于弹簧刚度太大。应改用刚度适当的弹簧；调节圈调整不当，使回座压力过高。应重新调整调节圈位置；排放管道阻力过大，造成过大的排放背压。应减小排放管道阻力。

⑥不到规定压力开启

主要是定压不准；弹簧老化弹力下降。应适当旋紧调整螺杆或更换弹簧。

4）安全阀的设置要点

设置安全阀时应注意以下四个方面的要求：

① 容器内有气、液两相物料时，安全阀应装在气相部分。

② 安全阀用于泄放可燃液体时，安全阀的出口应与事故贮罐相连。当泄放的物料是高温可燃物时，其接收容器应有相应的防护设施。

③ 一般安全阀可就地放空，放空口应高出操作人员 1m 以上且不应朝向 15m 以内的明火地点、散发火花地点及高温设备。室内设备、容器的安全阀放空口应引出房顶，并高出房顶 2m 以上。

④ 当安全阀入口有隔断阀时，隔断阀应处于常开状态，并要加以铅封，以免出错。

（6）管件

沼气管件包括直通（接头）、三通、弯头、异径接头和管卡等，如图 2-15 所示。一般为硬塑料制品，管件都已经标准化，使用时根据管径直接使用，要求所有管接头的管内畅通，无毛刺，具有一定的机械强度。对于软塑料或半硬塑料管，选用的管件端部都有为防止塑料管松动或脱节的密封节，并且具有一定的锥

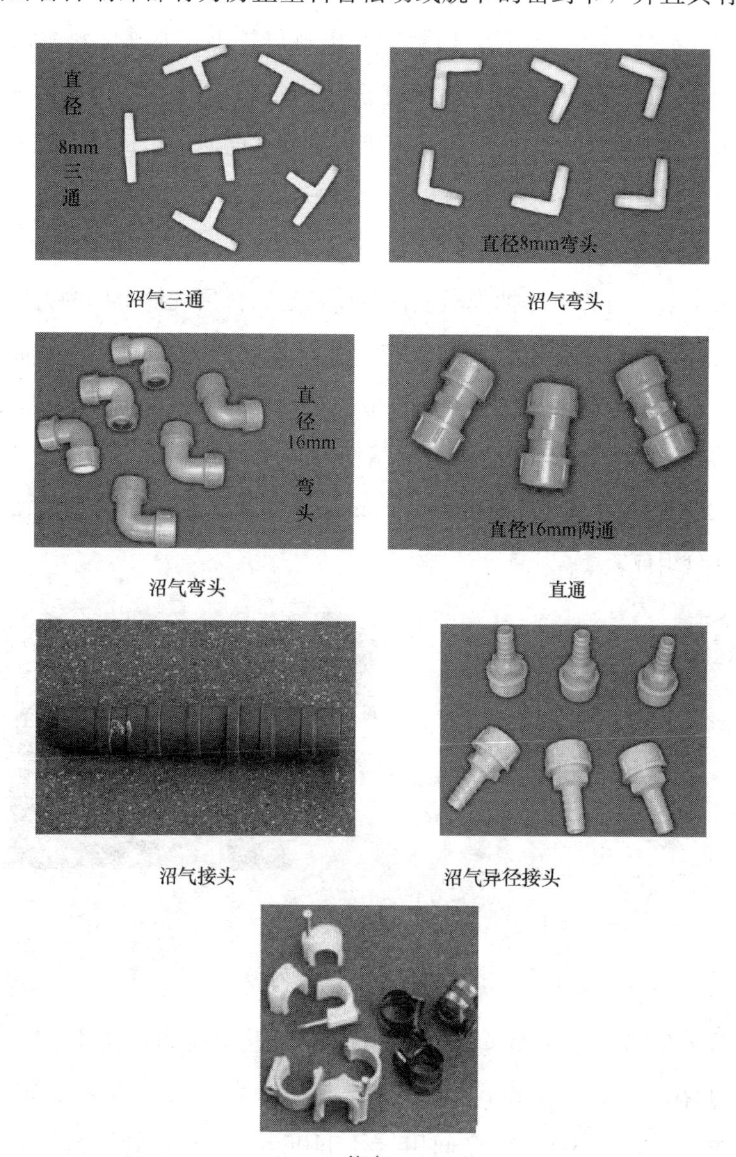

沼气三通　沼气弯头

沼气弯头　直通

沼气接头　沼气异径接头

管卡

图 2-15　沼气管件

度。硬塑料管接头采用承插式胶结剂粘接，内径与管径相同，对于钢管，根据管道内径直接选用标准管径即可。异径接头要求与连接部分的管径一致，以减少间隙，防止漏气。

2.3.3 沼气池出料设备

农村沼气池体较大、较深，出料管和出料口较小，人工出料慢，劳动强度大，还不安全。沼气池的出料问题影响了沼气的推广建设并已使用。也因如此，我国不少单位研制和生产了许多沼气池出料设备并已使用。目前，我国农村常见的出料设备包括各种出料泵、抽渣机及液肥车等。

1. 人力活塞泵

人力活塞泵，也称手提抽粪器或抽粪筒，是农村沼气池常用的人力活塞出料器。人力活塞泵具有不耗电、制作简单、造价低、经久耐用，且不需撬开活动盖，便能抽起可流动的浓粪等特点，适应农户用肥的习惯，这种出料方式适宜于农户小型沼气池，如图 2-16 所示。活塞筒常用的直径 110mm 的 PVC 管制作，PVC 管长度一般小于沼气池深度约 250mm，筒中放入活塞，活塞由活塞片和手提拉杆两部分组成。

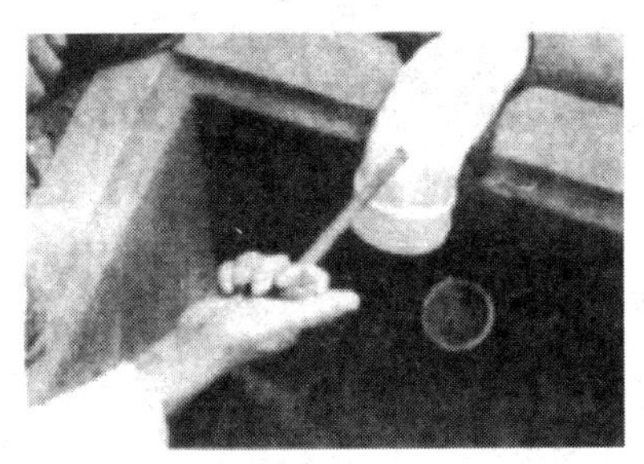

图 2-16 人力活塞泵

人力活塞泵的活塞筒常安放在出料间壁靠近主池的位置上，上口距地面 50mm，小口离出口底 250mm 左右。在出料间旁靠近泵处建深约 500mm 的小坑，用于放置粪桶。小坑与泵之间用外径 110mm 的 PVC 管溢流管后进入小坑中的粪桶。

使用时注意当压力表水柱出现负压时，应即时打开沼气开关与大气连通。手提抽粪器制作简单，活塞筒常采用外径 110mm 的 PVC 管制作，长度小于沼气池总深，筒放入活塞。

2. 机动液肥泵

机动液肥泵是一种用电机或内燃机作为动力的机械化出料泵，具有出料速度快的优点，适用于农村专业养殖户或集约化养殖场、生态农场修建的中型或较大型的沼气池，但条件是必须建有贮粪设施。

（1）工作原理

在泵工作时，泵的叶轮在动力机械经传动装置的带动下高速旋转，产生离心力。在离心力的作用下，液体被甩向顺轮边缘，在经过泵体流道压入出料管后排出。同时在叶轮的中心形成真空，液体在外界压力（大气压）的作用下，被吸入叶轮进口。叶轮不断地旋转，就形成了连续的抽液作用。

（2）机动液肥泵的类型

根据传动和动力配置，机动液泵分为以下几种类型。

①钢轴传动带泵下池式。这种类型的泵较重，搬动、安装很不方便，动力又限于电动机。并且泵体下池，易受腐蚀，有时泵脱落还会损坏沼气池，所以推广受到限制。

②软轴传动带泵下池式。这种类型的泵力机构切割装置，有一定的切断秸秆、杂草的能力。但是，动力通过软轴传动，曲率半径要求大于 500mm 才能使用，需要改进软轴制作的质量和使用方法，否则，软轴使用寿命将受到影响。

③皮管下池式（自吸式）。这种类型的泵，泵体和动力都在池外，安装和使用都很方便。使用时，用池液层和渣层搅混后，渣和液一起被吸出池外。动力可用电动机，也可以用内燃机，适应性较强，但是，搅拌不均匀时，吸渣效果较差。这种泵在很大程度上依靠手操作的熟练程度。

采用机动液肥泵出肥时应注意，当压力表水柱出现负压时应即时打开开关，或采用间歇性出肥，负压不得超过 500Pa。农村沼气池常采用的机动液肥泵，为出口直径 50mm 或 75mm 的自吸式离心泵，这种形式的沼肥泵，其泵体和动力都在池外，安装、使用都很方便。使用时，用池液将液肥层和沉渣层搅混后，渣、液一起吸出池外。动力设备可选电动机，也可用柴油机，适于我国某些无电力供应的农村地区。

3. 液肥车

液肥车或吸粪车是清理沼气池和化粪池最理想的工具，不同的厂家赋予其不同的名称，液肥车是一种与小型机动车配套的吸装和运载液肥的装置。它具有抽取速度快，抽、运合一，不需设置贮粪池等特点。适用于农村较大型的猪场、农场修建的大、中型沼气池，其中一款液肥车的形状如图 2-17 所示，吸粪车也可作为液肥车，如图 2-18 所示。

采用液肥车出肥时应注意，当压力表出现负压时应即时打开开关。其装置结构较为简单，配套容易，既可以用于各种沼气池的出料、运输和施肥，又可以用于厕所、粪窖等中的流动性肥料的出肥、运肥和施肥。

(1) 结构

液肥车主要由动力部分、密封液罐、吸液管和抽气装置等四部分组成。动力部分可以用于手扶拖拉机作为配套的动力。

密封罐用 3～4mm 厚的钢板焊接成椭圆柱形，罐的上方设置人孔，人孔盖上安装液面指示器和停止抽气阀。液罐的后方底部安有拖车架，架上安装刹车机构，以保持车平稳和安全。抽气装置由可以活套在拖拉机柴油机排气管上的排气引射器和吸气软管组成。

图 2-17　液肥车

图 2-17 中所示的液肥车为 SD-D 型沼渣沼液牵引车，整车由罐体、气水分离器、油水分离器、真空泵及相关的管路阀门组成，可自带动力和牵引车共用动力。牵引沼渣沼液车既适用于农用三轮车，也适用于手扶三轮车、农用四轮车。液肥车辆性能应符合 JB/T 7236—2001《三轮农用运输车技术条件》的要求，吸

图 2-18 吸粪车

运设备应根据实际中心位置核算其测角并符合 GB 7258—2004《机动车运行安全技术条件》的规定。图 2-18 为山东祥农沼气设备厂生产的吸粪车中的一种类型，适用于广大农村沼气用户抽取和运输沼气池内的沼渣、沼液以及沼气池内发酵原料的投放，也可用于养殖场畜禽粪便、城镇公厕和下水道污物的抽吸和清运，还可作为农村灌溉用水、液体肥料等浆液类农作物料的运输，是一种多用途的农用特种车辆。

（2）工作原理

工作时，将排气引射器活套在柴油机的排气管上，让柴油机排出的废气经排气引射器排出，使排气的气流速度很高（超过音速），在引射器的喷嘴与扩散之间形成低压，产生射流的卷吸作用，将射流室内气体带走，从而把与引射器相连的密封罐内的气体抽出使密罐内的气体不断减少，气压不断下降，真空度上升。位于沼气池内的液体，在大气压力的作用下，经过吸液管进入密封罐中，直到液体充满罐为止。

当密封罐内液面上升到一定位置时，液面将安全阀抬起，连动阀杆，使与阀杆连为一体的通气阀上升，空气进入密封罐，降低了真空度，完成吸液过程后，将吸液管抬高，放在液罐上就可以运输。

排除管内液体时，只需把排液软管从液罐上取下，打开通气阀，使外界空气进入液罐中，液体在重力的作用下就可以排出。

农村户用沼气池 3

适用于发酵微生物生长和进行物质代谢而产生沼气的装置统称为厌氧消化装置、厌氧消化器（罐）和沼气发生器，俗称沼气池。在传统能源日趋枯竭、环境气候不断恶化的情况下，沼气作为新型的可再生清洁能源越来越受到国内外的普遍关注，我国农村由于在禽畜粪便及秸秆等可用废弃物上占有巨大优势，户用沼气发展势头强劲。

从2000年开始，农业部加大了农村沼气工程的建设力度，先后组织实施了多项惠农工程。2003年后，中央连续多年的一号文件，对加快农村沼气建设提出了明确要求，培养了一支拥有17万名懂技术、会施工、能维护的沼气生产工作队伍。在资金投入上，截至2009年，中央累计投入242亿元。

农业部数据显示，至2008年底，我国户用沼气达3050万户，比2007年增加了近400万户，约占适宜农户的21％。

3.1 户用沼气池的分类

目前，沼气池的类型较多，大体上有以下几种划分方法。

按贮气方式划分，一般有水压式沼气池、气袋式沼气池、分离浮罩式沼气池等三种类型，但在实际应用中，考虑到农村庭院的布局和方便管理，水压式沼气池更为适宜，也是目前推广较为普遍的池型。

按沼气池结构的几何形状划分，有圆柱形、球形、扁球形、长方形、拱形、坛形、椭球形、方形等。在实际应用中，圆柱形沼气池最为普遍，其次是球形和扁球形。

按沼气池的埋设位置划分，有地上式、地下式、半地下式等。一般农户以采用地下式为主，它具有便于布置、安全性高等优势。

按建池材料划分，有砖石材料、混凝土材料、钢筋混凝土材料（主要用于大、中型沼气池）、新型材料（即所谓高分子聚合材料，例如聚乙烯塑料、红泥塑料、玻璃钢等）、金属材料等类型。

按发酵工艺流程划分，有连续发酵、半连续发酵、两步发酵、单级发酵等类型。

按发酵温度的高低来划分，有高温发酵（一般在 50～55℃）、中温发酵（35～38℃）、常温发酵（10～28℃）等三种类型，一般户用沼气池均采用常温发酵方式。

按使用用途划分，有用气型（即以供应沼气为主的沼气池）、用肥型（即以供应沼液、沼渣等沼肥为主的沼气池）、气肥两用型（即以同时供应沼气、沼液、沼渣等发酵产品为主的沼气池）、沼气净化型（以净化农户庭院卫生环境为主的沼气池设施）。

按池内部布水、隔墙构造划分，有底层出料水压式沼气池、顶返水压式沼气池、强回流沼气池、曲流布料水压式沼气池以及过滤床型水压式沼气池等。

经过多年的实践，地下水压式沼气池成为我国农村推广应用的主要池型，我国已经制定了比较完善的国家及行业标准，如《户用沼气池标准图集》GB/T 4750—2002、《户用沼气池质量检查验收规范》GB/T 4751—2002、《户用沼气池施工操作规程》GB/T 4752—2002、《户用农村能源生态工程——南方模式设计、施工和使用规范》NY/T 465—2001、《户用农村能源生态工程——北方模式设计、施工和使用规范》NY/T 466—2001 等。

3.2 户用沼气池池型

随着我国沼气科学技术的发展和农村家用沼气的推广，根据当地使用要求和气温、地质等条件，家用沼气池的类型有固定拱盖的水压式池、大揭盖水压式池、吊管式水压式池、曲流布料水压式池、顶返水水压式池、分离浮罩式池。形式虽然多种多样，但是归总起来大体由水压式沼气池、浮罩式沼气池等基本类型变化形成的。

3.2.1 沼气池的构造

根据国家标准《户用沼气池标准图集》GB/T 4750—2002 中的相关规定，我国农村户用沼气池有五种类型，包括曲流布料沼气池、预制钢筋混凝土板装配沼气池、圆筒形沼气池、椭球形沼气池、分离浮罩式沼气池。近年来，市场上还出现了玻璃钢沼气池和塑料沼气池等。这些沼气池主要属于水压式沼气池和浮罩式沼气池。

1. 户用水压式沼气池

我国在农村主要推广使用的水压式沼气池，其主体由发酵间、贮气间、出料间（或水压间）等组成，设有进料口、进料管、活动盖、导气管、出料管等部件，沼气池的形状一般为圆柱形和球形，水压式沼气池的结构示意图如图 3-1 所示。

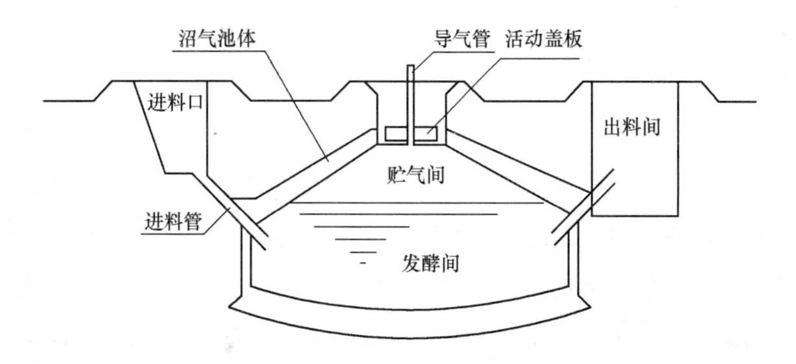

图 3-1 水压式沼气池结构示意图

水压式沼气池是我国推广最早、数量最多的池型，是在总结“三结合”、“圆、小、浅”、“活动盖”、“直管进料”、“中层出料”等群众建池的基础上，加以综合提高而形成的。“三结合”就是厕所、猪圈和沼气池连成一体，人畜粪便可以直接打扫到沼气池里进行发酵。“圆、小、浅”就是池体圆、体积小、埋深浅。“活动盖”就是沼气池顶加活动盖板。

（1）进料口和进料管，进料口位于地面，进料管设在地下，一般采取直管斜插方式，在池盖支座附近斜插于料液中，或者以 1∶0.9 的坡度斜插于池墙 1/2 高度处，这样做施工比较方便，进料顺畅，搅拌也方便，而进料口则由进料管与发酵间呈倾斜状连接，进料管内径通常为 20～30cm。

（2）发酵间，是沼气池的主体部分，又可分为发酵部分（称为发酵间）和贮气部分（称为贮气间），按一定配料比的发酵原料在发酵间中进行发酵，其液面上的空间为贮气部分，即为贮气间。

（3）活动盖，设置在池盖的顶部，呈瓶塞状，上大下小。活动盖可以按需要开启或关闭，是一个装配式的部件。其功能主要有：在进行沼气池的维修和清除沉渣时，打开活动盖以排除池内有害气体，并便于通风、采光，使操作安全；在沼气池大换料时，活动盖口可起到吞吐口的作用；当采用土模法施工时，可作为挖取芯土的出入口；当遇到导气管堵塞、气压表失灵等特殊情况，造成池内气压过大时，活动盖即被冲开，从而降低池内气压，使池体得到保护；另外，当池内发酵表面严重结壳，影响产气时，可以打开活动盖，破碎浮渣层，搅动料液。

近年来，随着小型高效沼气池技术的发展，有些采取底层出料且设有较大出料口的沼气池，施工简单，便于出料，因而不再设置活动盖，其出料口已基本取代了池盖的功能。

（4）出料管和水压间（或出料间），水压间是为贮存贮气间中由沼气压出的水、维持正常气压和便于出料而设置的，其大小及高度由沼气气压和贮气量决定，通常为沼气池日产气量的一半。水压间的底部通过出料管与发酵间连接，其连接方式一般随着出料方式的不同而存在两种方式：①当满足沉降、杀灭寄生虫卵的需要，采取中层出料时，出料间通过安装于其下部的出料管，与发酵间连接；②为便于出料、免除一年一度的大换料，采取底层出料时，出料间通过其下部的出料口，与发酵间直接相通。发酵完的料液由出料管排至水压间中，出料管管径的大小应便于人进入发酵间中为宜。

（5）导气管，导气管是固定在沼气池顶最高部位或活动盖上的管件，是连接贮气间和输气管的装置，通常采用内径 1.2cm、长 25～30cm 的镀锌钢管或者铜管、铝管、ABS 工程塑料管、PVC 硬塑管等。

（6）水压式沼气池的优点

1）池体结构合理，使用、管理方便；

2）建池材料来源广泛，适宜广大农村；

3）建池投资较低，适合农村经济水平；

4）沼气池建在地下，与周围土壤紧密接触，可以充分利用土壤的承载能力和恒温作用，有利于冬季使用；

5）适宜粪便和作物秸秆等多种发酵原料。

（7）水压式沼气池的缺点

1）气压反复变化，并且变化范围较大，不利于沼气池体和沼气灶、沼气灯具等的正常使用；

2）在作物秸秆原料较多或总固体（TS）过高（大于10%）的情况下，池内浮渣容易结壳，并且不易破开。

2. 浮罩式沼气池

浮罩式沼气池是将发酵间产生的沼气由浮罩储存的沼气池，其结构示意图如图3-2所示。浮罩可以分离放置在池旁或直接安置于池顶，贮气部分由浮罩和水槽两部分组成，具有代表性的池型为分离浮罩式沼气池，它已不属水压式沼气池范畴，发酵池与气箱分离，没有水压间，采用浮罩与配套水封池贮气，有利于扩大发酵间装料容积，最大投料量为沼气池容积的98%，浮罩贮气相对水压式沼气池，其气压在使用过程中是稳定的。下面介绍浮罩式沼气池各组成部分的构造或功能。

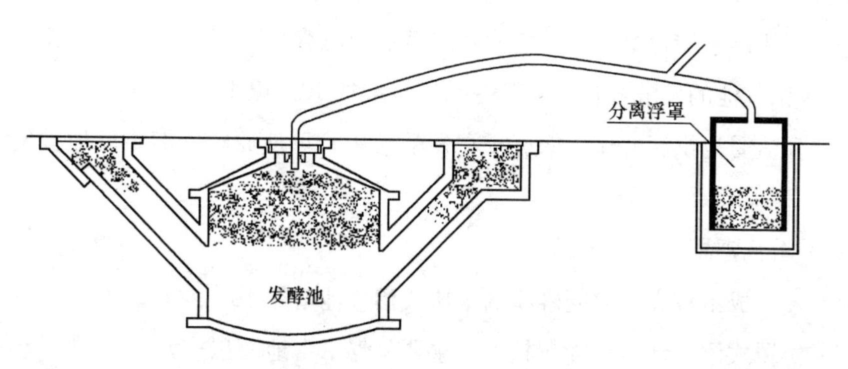

图3-2 分离浮罩式沼气池结构示意图

（1）发酵间

发酵间是浮罩式沼气池的主体，一般有两种类型，一种是在发酵间中放入生物填料，另一种是发酵间不放生物填料。发酵间的垂直剖面呈锅铲形，坡向出料口。

（2）贮气浮罩

贮气浮罩一般为分离式，采用水封池作为水封装置来防止沼气的逸出。贮气浮罩主要起到储存沼气、稳定气压、增加沼气池发酵间的有效容积等作用，一般利用输气管道将发酵间上的导气管同沼气器具连接起来，以达到向用户供应气体燃料的目的。制作贮气浮罩的材质应采用具有价格低廉、密封性能好、经久耐用等特点的材料，符合要求的材料包括混凝土、塑料、GRC复合型材料等。

（3）进料管和溢流管

进料管内径为20～30cm，采用底部进料和直管斜插方式。溢流管内径为8～15cm，安装在发酵间的顶部，也采用直管斜插的方式，最下端在发酵液内的深度大于最大气压时池内液面的下降值，沼气池中过多的发酵液一般由溢流管自动排出。

（4）浮罩式沼气池的优点

1）沼气压力较低且较稳定，一般压力为2～3kPa（约20～30cm水柱），有利于沼气用具的燃烧过程，防止U形压力表充水和活动盖漏气等问题的发生，延长了沼气池的使用寿命；

2）发酵液不在发酵间和水压间之间循环进出，有利于保温，其池温通常比水压式沼气池高0.5～1.5℃；

3）采用浮罩储存沼气，沼气池发酵容积为总容积的95%～98%，比同容积的水压式沼气池的发酵容积（80%～85%）增加10%以上；

4）浮渣受池拱压的作用而沉浸在发酵液中，可使原料能够更好地被发酵和产气。

（5）分离浮罩式沼气池的缺点

1）建池成本较高，比同容积的水压式沼气池增加10%左右；

2）浮罩式沼气池占地面积较大，主要是浮罩占地面积较大。

3.2.2 农村典型户用沼气池

目前在农村应用比较广泛的沼气池型一般以下几种类型。

1. 固定拱盖水压式沼气池

固定拱盖水压式沼气池有球形（见图3-3）和椭球形（见图3-4）、圆筒形（见图3-5）三种池型。这种池型的池体上部气室完全封闭，随着沼气的不断产生，沼气压力相应提高。这个不断增高的气压，迫使沼气池内的一部分料液进到与池体相通的水压间内，使得水压间内的液面升高。这样一来，水压间的液面跟沼气池体内的液面就产生了一个水位差，这个水位差就叫做“水压”（也就是U形管沼气压力表显示的数值）。用气时，沼气开关打开，沼气在水压下排出；当沼气减少时，水压间的料液又返回池体内，使得水位差不断下降，导致沼气压力也随之相应降低。这种利用部分料液来回窜动，引起水压反复变化来贮存和排放沼气的池型，就称之为水压式沼气池。

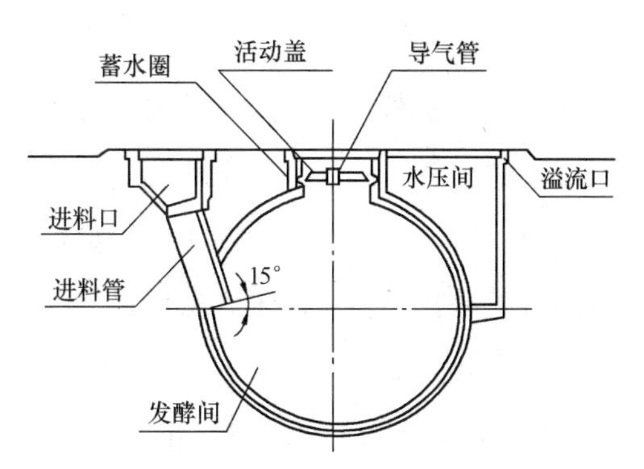

图 3-3 球形水压式沼气池构造简图

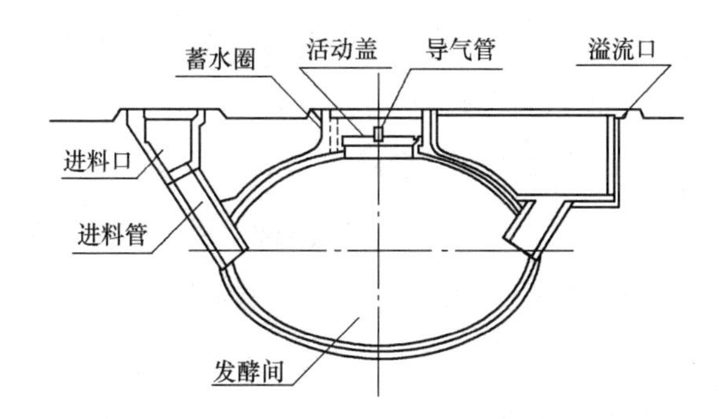

图 3-4 椭球形水压式沼气池构造简图

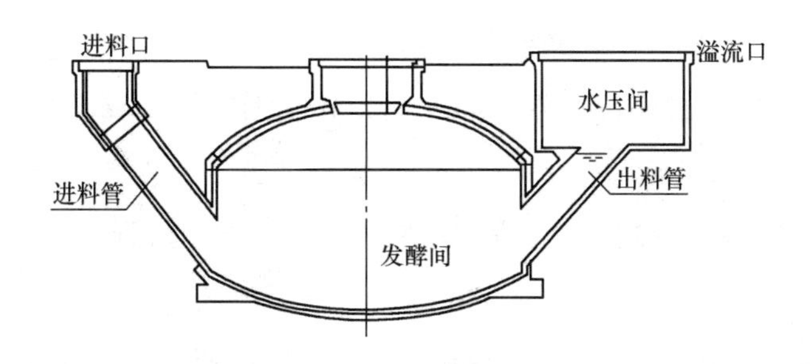

图 3-5 圆筒形水压式沼气池结构简图

水压式户用沼气池的工作原理为：在水压式沼气池中，当发酵产生的沼气逐步增多时，气压随之增高（沼气压力的大小可由安装于输气管线路上的压力表或压力计显示），出料间液面和池内液面形成压力差，因而将发酵间内的料液压到出料间，直至内外压力平衡为止。当用户使用沼气时，池内气压下降，出料间中的料液便压回发酵间内，以维持内外压力新的平衡。这样，不断地产气和用气，使发酵间和出料间的液面不断地升降，始终维持压力平衡的状态。

圆筒形沼气池在我国应用历史较早，结构简单、施工容易；适应粪便、秸秆混合原料满装料工艺，便于底层出料的圆筒形水压式沼气池结构见图 3-5。

（1）设计原则

按照“三结合”（沼气池、厕所、畜厩相连通）、圆筒形池身、削球壳池拱、反削球壳池底、水压间、天窗口、活动盖、斜管进料、中层进出料、各口加盖的原则设计。池拱矢跨比 $f_1/D=1/5$，池底反拱 $f_2/D=1/8$，池墙高 $H=1.0$m。

（2）材料

沼气池墙、池拱、池底、上下圈梁等采用现浇混凝土，进、出料管采用现浇混凝土或预制混凝土圆管，水压间底部采用现浇混凝土，池墙采用砖砌或现浇混凝土，各口盖板采用钢筋混凝土预制件。

（3）整体现浇大开挖支模浇注法的施工要点

按图纸放线并挖去全池土方，先浇池底圈梁混凝土，然后浇注池墙和池拱混凝土。池墙外模可利用原状土壁，池墙和池拱内模用钢模（不具备钢模条件时，可用砖模或木模）。

混凝土浇筑要连续均匀对称，振捣密实，由下而上进行。池拱外表采用原浆反复压实抹光，注意养护详见 GB/T 4752—2002。

水压式沼气池型有以下几个优点：

（1）池体结构受力性能良好，而且充分利用土壤的承载能力，所以省工省料，成本比较低；

（2）适于装填多种发酵原料，特别是大量的作物秸秆，对农村积肥十分有利；

（3）为便于经常进料，厕所、猪圈可以建在沼气池上面，粪便随时都能打扫进池；

（4）沼气池周围都与土壤接触，对池体保温有一定的作用。

水压式沼气池型也存在一些缺点，主要是：

（1）由于气压反复变化，而且一般在 4～16kPa（约为 40～160cm 水柱）压力之间变化，这对池体强度的稳定以及灯具与灶具等器具燃烧效率的稳定与提高都有不利的影响。

（2）由于没有搅拌装置，池内浮渣容易结壳，又难于破碎，所以发酵原料的利用率不高，池容产气率（即每 m^3 池容积一昼夜的产气量）偏低，一般单位体积的沼气池产气率每天仅为 0.15～0.35m^3 左右。

（3）由于活动盖直径不能加大，对发酵原料以秸秆为主的沼气池来说，大出料工作比较困难。因此，出料的时候最好采用出料专用机械。

2. 曲流布料水压式沼气池

曲流布料水压式沼气池结构如图 3-6 所示，该池型是由昆明市农村能源环保办公室于 1984 年设计成功的一种新池型。它的发酵原料不用秸秆，全部采用人、畜、禽粪便，原料的含水量控制在 95%左右，不能过高。沼气池的池墙、池拱、池底、上、下圈梁的材料采用现浇混凝土；对于水压间来说，圆形结构的水压间材料采用现浇混凝土，方形结构的水压间采用砖砌；进料管为圆管，可采用现浇混凝土，也可采用混凝土预制管；各口盖板、中心管、布料板、塞流固菌板等采用钢筋混凝土预制板。中心破壳输气吊笼为双层圆形，采用竹子编制而成。

（1）结构特点

在进料口咽喉部位设滤料盘；池底由进料口向出料口倾斜；池底部最低点设在出料间底部；在倾斜池底作用下，形成一定的流动推力，实现主发酵池进出料自流，可以不打开天窗盖就能把全部料液由出料间取出。在池拱中央、天窗盖下部吊笼，输送沼气入气箱。同时，利用内部气压、气流产生搅拌作用，缓解上部料液结壳。B 型设有中心进出料管和塞流板。中心管有利于从主池中心部位抽出或加入原料；塞流板有利于控制发酵原料在底部的流速和滞留期，同时具有塞流固菌作用。C 型增设了布料板、中心破壳输气吊笼和原料预处理池。原料进入池内由布料器进行半控或全控式布料，形成多路曲流，有效增加新料扩散面，充分发挥池容负载能力，提高产气率和延长连续运转周期，但对料液质量、浓度要求较严格。

（2）工艺特点

发酵原料为人、畜、禽粪便；采用连续发酵工艺能维持比较稳定的发酵条件，使沼气微生物（菌群积累）区系稳定，保持逐步完善的原料消化速度，提高

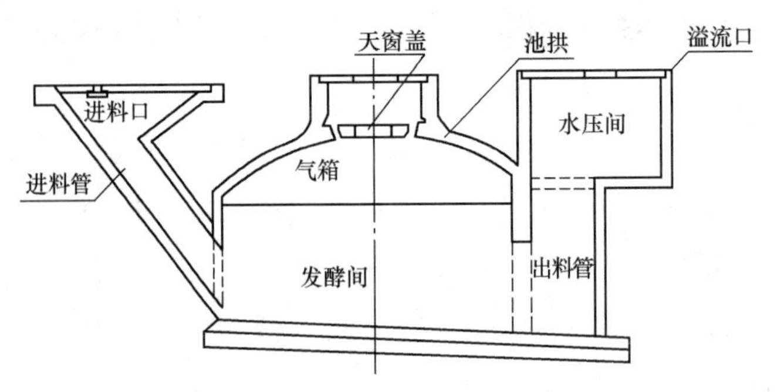

曲流布料水压式沼气池A型结构示意图

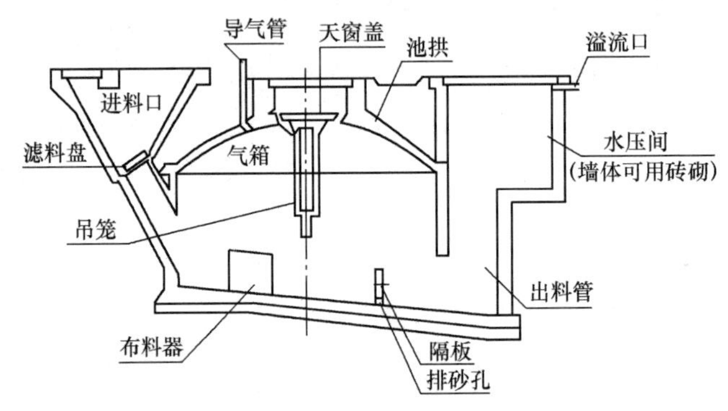

曲流布料水压式沼气池B型结构示意图

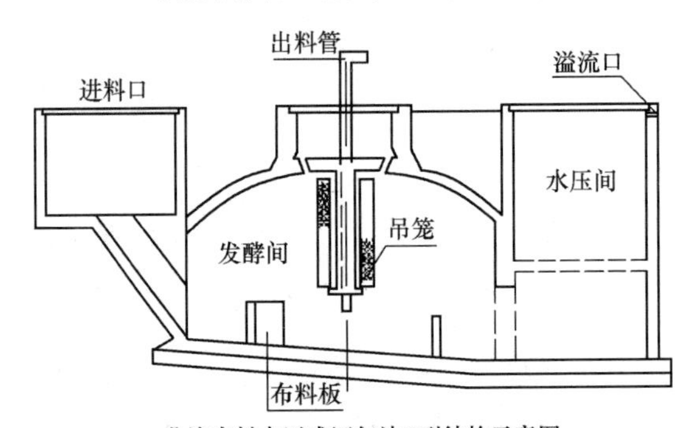

曲流布料水压式沼气池C型结构示意图

图 3-6　曲流布料水压式沼气池结构示意图

原料利用率和沼气池的负荷能力，达到较高产气率的效果；该工艺自身耗能少，简单方便，容易操作。

(3) 设计原则

依据“三结合”(沼气池、厕所、畜厩相连通)，圆筒形池身、削球壳池拱、斜底、水压间、天窗口、活动盖、斜管进料、底层出料、各口加盖的原则设计。

池拱矢跨比 $f_1/D=1/5$，池底由进料口向出料口有 5°角度的倾斜，池墙高 $H=1.0m$，水压间几何尺寸与主池容积产气率和池型、工艺要求相配合。

根据池型结构要符合发酵工艺流程，实行自流进、出料，充分发挥池容负载能力，控制原料滞留期，提高产气率等要求，B 型、C 型增设布料板、原料预处理等装置。

缩小池容积、减少占地面积，实现小型高效。造价不高，管理操作简便易行，容易推广。

(4) 整体现浇大开挖支模浇注法的施工要点

按图纸放线并挖去全池土方。先浇池底圈梁混凝土，然后浇注池墙和池拱混凝土。池墙外模可利用原状土壁，池墙和池拱内模用钢模（不具备钢模条件时，可用砖模或木模）。混凝土浇筑要连续，均匀对称，振捣密实，由下而上进行，池拱外表采用原浆反复压实抹光，注意养护（详见 GB/T 4752—2002）。

3. 无活动盖底层出料水压式沼气池

无活动盖底层出料水压式沼气池是一种变形的水压式沼气池。该池型将水压式沼气池活动盖取消，把沼气池拱盖封死，只留导气管，并且加大水压间容积，这样可避免因沼气池活动盖密封不严带来的问题，在我国北方农村，与"模式"配套新建的沼气池提倡采用这种池型。无活动盖底层出料水压式沼气池的构造如图 3-7 所示。沼气池为圆柱形，斜坡池底。它由发酵间、贮气间、进料口、出料口、水压间、导气管等组成。

(1) 进料口与进料管

进料口与进料管分别设在猪舍地面和地下。厕所、猪舍及收集的人畜粪便，由进料口通过进料管注入沼气池发酵间。

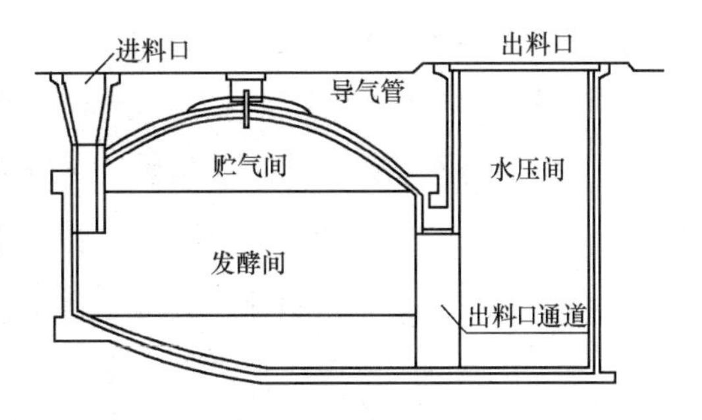

图 3-7 底层出料水压式沼气池构造简图

(2) 出料口与水压间

出料口与水压间设在与池体相连的日光温室内，其目的是便于蔬菜生产施用沼气肥，同时出料口随时放出二氧化碳进入日光温室内促进蔬菜生长。水压间的下端通过出料通道与发酵间相通。出料口要设置盖板，以防人、畜误入池内。

（3）池底

池底呈锅底形状，在池底中心至水压间底部之间，建一U形槽，下返坡度5%，便于底层出料。

（4）工作原理

①未产气时，进料管、发酵间、水压间的料液在同一水平面上；②产气时，经微生物发酵分解而产生的沼气上升到贮气间，由于贮气间密封不漏气，沼气不断积聚，便产生压力。当沼气压力超过大气压力时，便把沼气池内的料液压出，进料管和水压间内水位上升，发酵间水压下降，产生了水位差，由于水压气而使贮气间内的沼气保持一定的压力；③用气时，沼气从导气管输出，水压间的水流回发酵间，即水压间水位下降，发酵间水位上升。依靠水压间水位的自动升降，使贮气间的沼气压力能自动调节，保持燃烧设备火力的稳定；④产气太少时，如果发酵间产生的沼气跟不上用气需要，则发酵间水位将逐渐与水压间水位相平，最后压差消失，沼气停止输出。

4. 预制钢筋混凝土板装配沼气池

预制钢筋混凝土板装配沼气池示意图如图3-8所示。

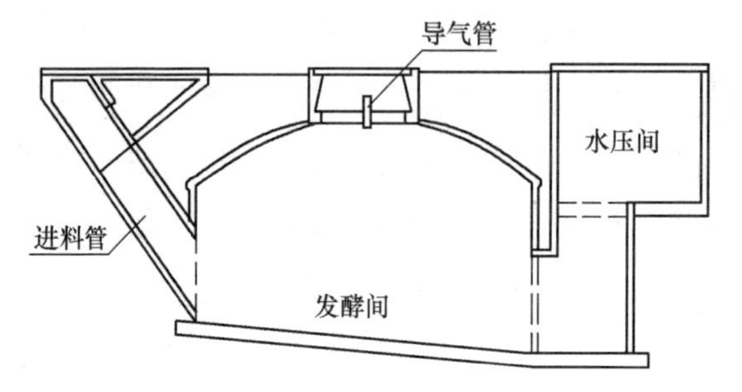

图3-8 预制钢筋混凝土板装配沼气池示意图

（1）特点

预制钢筋混凝土板装配沼气池是在现浇混凝土沼气池和砖砌沼气池基础上研制和发展起来的一种新的建池技术。它与现浇混凝土沼气池相比较，有容易实现工厂化、规范化、商品化生产和降低成本、缩短工期、加快建设速度等优点。主要特点是把池墙、池拱、进出料管、水压间墙、各口及盖板等都先做成钢筋混凝土预制件，运到建池现场，在大开挖的池坑内进行组装。

（2）设计原则

按照“三结合”（沼气池、厕所、畜厩相连通），圆筒形池身、削球壳池拱、斜底、水压间、天窗口、活动盖、斜管进料、底层出料、各口加盖的原则设计。池拱矢跨比 $f_1/D=1/5$，池底由进料口向出料口方向有5°角度的倾斜，池墙高 $H=1.0$ m。

(3) 池体材料

沼气池的池墙、池拱、进出料管、水压间墙、各口及盖板均为钢筋混凝土预制件，池底和水压间底部为现浇混凝土。

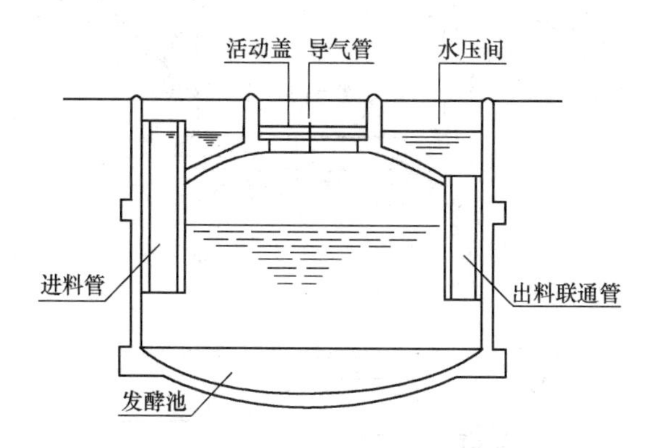

图 3-9 双管顶返水水压式沼气池

(4) 施工要点

按图纸放线并挖去全池土方。先浇池底圈梁混凝土，然后按池墙、池拱预制板编号和进、出料管位置方向组装。关键要注意各部位垂直度、水平度符合要求，并特别注意接头处黏结牢固、密实，详见 GB/T 4752—2002。

5. 其他各种变形的水压式沼气池

除了上述类型的水压式沼气池外，各地还根据各自的具体使用情况，设计了多种其他变形的水压式沼气池型。如为了减少占地面积、节省建池造价、防止进出料液相混合、增加池拱顶气密封性能的双管顶返水水压式沼气池（见图 3-9）；为了便于出料的大揭盖水压式沼气池（见图 3-10）；为了多利用秸草类发酵原料而采用的弧形隔板、干湿发酵水压式沼气池（见图 3-11）。

6. 浮罩式沼气池

(1) 结构特点

与前面几种类型的水压式沼气池相比，分离浮罩式沼气池没有水压间，其发酵池与贮气箱分离，采用浮罩与配套水封贮气，扩大了发酵间的装料容积，池型结构如图 3-12 所示。

(2) 工艺特点

分离浮罩式沼气池的发酵原料从上流式厌氧池底部进入，经过发酵产气后，料液从上部通过溢流管进入溢流池，发酵间内的浮渣可以通过提搅器或门阀排入

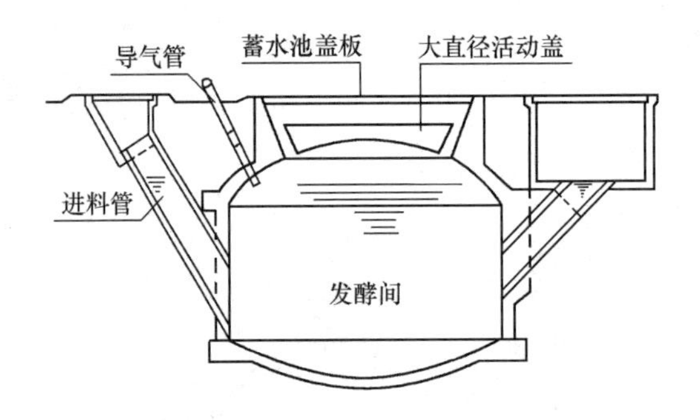

图 3-10　大揭盖水压式沼气池简图

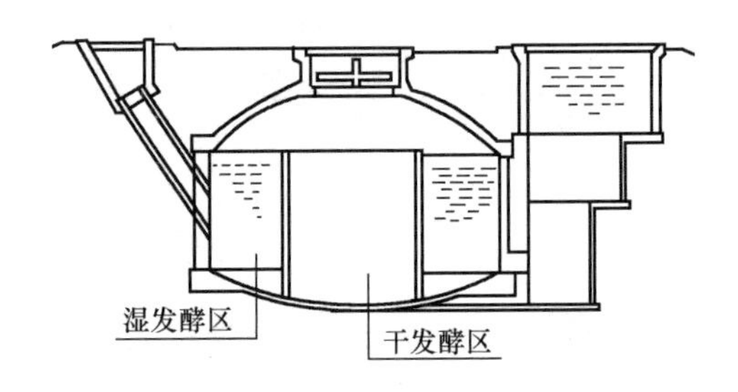

图 3-11　干湿发酵水压式沼气池简图

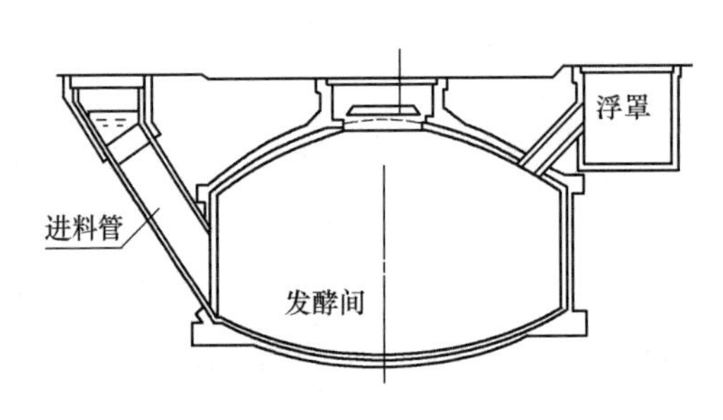

图 3-12　分离浮罩式沼气池结构简图

溢流池中，部分可以回流到进料管，起搅拌和回流菌种（污泥）的作用，以在沼气池内保留较多的高活性微生物，并且能够使微生物分布均匀，与原料充分接触，提高发酵效率。其主要特点为：采用接触发酵工艺，产气率高，单位体积的池容每天的产气率平均为 0.15～0.3m^3；采用溢流管出上清液、出料搅拌器抽渣的方法，出料方便，不需每年大换料；采用菌种（污泥）回流技术，保持发酵间内较高的微生物量；采用浮罩贮气，气压较低且变化小。

3.3　商品化沼气池

商品化沼气池，是规格标准统一，工厂化批量或大量生产，其性能优于常规沼气池。农村沼气的发展已成必然，开发和应用商品化沼气池可大大促进沼气行业的产业化发展，有利于农村经济和农业的可持续发展。

3.3.1　玻璃钢沼气池

1. 玻璃钢沼气池的结构及材料

玻璃钢沼气池采用不饱和聚酯树脂、胶衣树脂、优质玻璃纤维等材料，配合成型模具经多道工序复合制作而成。其类型一般包括新型玻璃钢、球型玻璃钢等多种结构，池体内表面采用胶衣树脂，保证了优良可靠的密封性，具有强度高、重量轻、耐腐蚀、耐老化、防渗漏等特点。产品池体由上、下两半部分组装成型，并分别设有出气孔、进、出料口和水压间。多种结构的玻璃钢沼气池结构外观如图 3-13 所示，其池壁厚度一般为 6～8mm，拉伸强度为 93.5MPa，弯曲强度 109MPa，具有很高的机械强度和延伸率，大大超过了水压式沼气池所需的强度要求，而球型玻璃钢沼气池池壁厚度为 6～10mm。有机玻璃钢沼气池是由一种新型玻璃钢材料制成，成型产品重量轻、强度高、抗老化、耐腐蚀、无渗漏点。

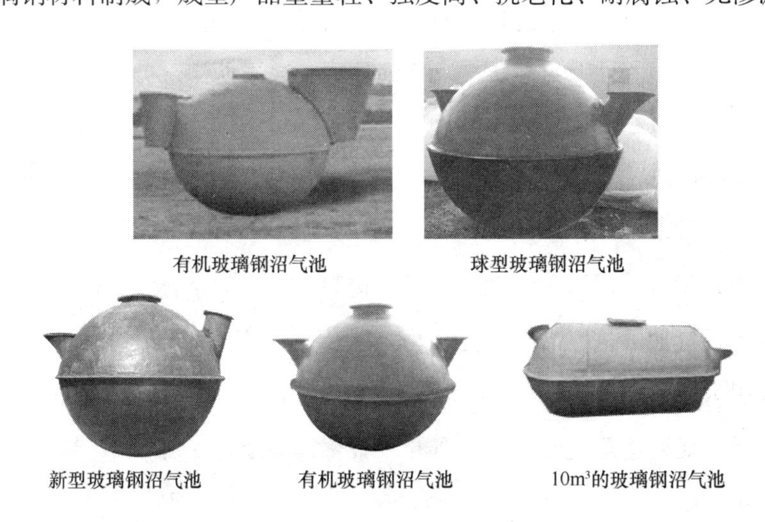

图 3-13　玻璃钢沼气池结构外观

玻璃钢沼气池规格一般在 6～10m³ 不等，在使用过程中，具有占地面积小，埋设方便，施工快捷，可满足不同地区、不同地理环境需要的优势，并能够很好地适应高水位地区或地基不好的地区，同时在使用过程中无需对池体进行维护，可为用户带来诸多方便。

目前，市场上出现了一些大型玻璃钢沼气池，一种大型玻璃钢沼气池的结构外观如图 3-14 所示，其容积有 $12m^3$、$20m^3$ 等规格，池壁厚度为 6～8mm，商品化沼气池实现了沼气池的系列化和多样化，满足了不同地区、不同地理环境的需求。

图 3-14　大型玻璃钢沼气池的结构外观

大型玻璃钢沼气池由新型玻璃钢材料制作而成，成型产品重量轻、强度高、抗老化、耐腐蚀、无渗漏点。该玻璃钢池体由上、下两半部分组装成型，并分别设有出气孔、进料口和水压间。大大超过了水压式沼气池所需要的强度需求。

2. 玻璃钢沼气池的安装步骤

第一步，选址

选择安装位置，应首先考虑与厕所、猪圈、厨房的结合。要便于厕所、猪圈的粪便流入沼气池的进料口，便于出料口的沼渣、沼液流入菜地，及便于沼气池的出气口引入厨房，并使输气管道的长度控制在 30m 以内，以免管道过长气压不够。另外，还要注意避开树根，避开沙石聚集的地带。

第二步，施工

在选定好的位置挖坑（请按附图标注的尺寸挖坑），坑的上半球直径要挖大一些，坑底挖成玻璃钢沼气池底部形状，进料口及出料口根据它的形状和尺寸挖，以便池体合适地放入坑中，便于粘接操作。

挖坑时候见底部有石块、空洞或塌方，应及时处理或填平，以免造成加料承重后池体被石块顶破或撑破。

挖坑时候遇到树根一定要切断，在切口处涂上些废柴油或石灰使其停止生长以至腐烂，以防止树根的生长破坏池体。

挖好坑后应用卷尺复核一下尺寸，修整到要求的标准。

3.3.2 塑料沼气池

1. 构造

塑料沼气池一般为扁球形和球形，结构单元用压模成型机压塑或注塑生产，通常由若干个结构单元经过螺栓固定、硅胶条密封或塑料焊接组成，其外观如图3-15所示。

斜管进料的塑料沼气池

直管进料的塑料沼气池

图3-15 塑料沼气池

2. 优缺点

(1) 优点

1) 塑料沼气池耐腐蚀性能好，一定厚度的塑料完全能够承受户用沼气池最大气压下的运行荷载，且密封性能优越，使用寿命长。

2) 塑料沼气池重量轻，结构单元体积小，运输和安装方便，如图3-16和图3-17所示，尤其适用于交通不方便、缺乏建池材料等的地区。

图3-16 沼气池构件的人力运输

图3-17 塑料沼气池的组装

3) 采用模压或注塑工艺生产时，可以真正实现高效率的工厂化和机械化生产，商品化、标准化程度最高，可以完全避免人为因素造成的质量偏差，建池方便、质量可靠，建池周期短，可以降低建池劳动强度，施工现场如图 3-18 所示。

图 3-18　施工中的沼气池

4）塑料的导热系数极低，有利于沼气池的保温。

5）便于建造三结合沼气池。

6）塑料可回收再生利用，废弃沼气池对环境的污染较小。

（2）缺点

1）塑料成本高，沼气池销售价格较高。

2）如果采用模压或注塑生产技术，建厂的设备投资要求高。

3.3.3　软体沼气池

1. 塑袋式沼气池

采用具有抗折皱、抗张强度大、耐酸碱、耐老化等特点的特种优质高强纤维复合材料经过大型高精度、智能化高频设备焊接组合而成。它具有重量轻，搬运和安装方便的特点，几种软体沼气池的外观如图 3-19 所示。它可随时从进料口连续进料，底部出料口连续出料，无需人工下池清渣，完全避免了掏池渣时出现意外事故。其池体的焊缝牢固可靠，密封性能好，具有自动伸缩的功能，能自动破壳即解决了传统沼气池因结壳而影响产气和排渣的难题。在冬季，为使其发挥吸热性能好的优势，池框上可加盖阳光透明棚，每天吸收太阳能，以保证沼气池内始终保持发酵所需的热量，可保持沼气池一年四季产气较为稳定。

2. 塑料活动盖式沼气池

沼气池活动盖采用的塑料由机械制作，标准化程度高，重量轻，密封性能好，运输和安装简便，其外观如图 3-20 所示。

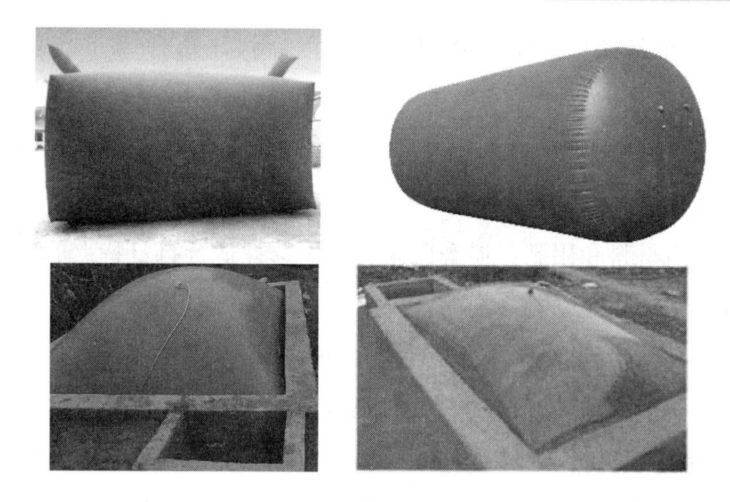

图 3-19 几种软体沼气池的外观

图 3-20 塑料活动盖式沼气池外观

3.4 沼气池的建造技术

农村户用沼气池的池型种类很多，2002 年发布的沼气池最新国家标准包括 5 种池型，即水压式圆筒形沼气池、分离浮罩式沼气池、曲流布料沼气池、预制钢筋混凝土板装配沼气池和椭球形沼气池等。设计依据应遵循国家发布的相关标准，包括《户用沼气池标准图集》GB/T 4750—2002、《户用沼气池质量检查验收规范》GB/T 4751—2002、《户用沼气池施工操作规程》GB/T 4752—2002。除执行上述相关标准外，在沼气施工中还应参考其他相关的国家或行业标准与规范，如《家用沼气灶》GB/T 3606—2001、《户用沼气灯》NY/T 344—2014、《户用沼气压力显示器》NY/T 858—2014、《户用沼气脱硫器》NY/T 859—

2014、《户用沼气池密封涂料》NY/T 860—2014 等。

3.4.1 户用沼气池的选择

户用沼气池的选择要因地制宜，综合考虑当地的地理条件、自然条件、发酵原料品种、建筑材料和用肥习惯等因素，从而选择适合自身特点的池型。具体讲，应遵循以下规律和原则：

1.“三结合”建池，即将沼气池与猪圈、厕所建在一起，并相互连通，使人、畜粪便能随时流入沼气池，以达到经常进料的目的。这样，不仅能保证沼气池有充足的原料，保持均衡产气，而且有利于改善环境卫生，杀灭蚊蝇，减少疾病的发生。“三结合”的方式很多，各地可根据实际情况灵活布置。

2. 优先选用“圆、浅、小”池型。“圆”指圆筒形和球形沼气池，因为球体的表面积最小，省工省料，圆筒形尽管在相同体积下表面积较球体的大，但施工方便，同时池壁厚度可比长方形结构小 30%～40%，池体受力均匀，不易损坏。另外，圆筒形和球形沼气池的内壁没有死角，容易密封。“浅”是指整个沼气池的埋置深度要浅，有利于充分利用太阳能，提高池温和产气率。“浅”的另一层意思是主体设计要浅，以扩大发酵液的表面积，有利于产气率的提高。“小”是指在满足用气的前提下，尽量缩小沼气池的容积。容积小，不仅能充分利用发酵原料，解决原料不足的问题，而且节省建筑材料，降低造价，同时易于控制和调节，提高产气率。

3.4.2 沼气池容积的计算

沼气池容积的大小（一般指有效容积，即主池的净容积），应该根据每日发酵原料的品种、数量、用气量和产气率来确定，同时要考虑到沼肥的用量及用途。

建造沼气池，事先要进行池子容积的计算，就是说计划建多大的池子为好。计算容积的大小原则上应根据用途和用量来确定。池子太小，产气就少，不能保证生产、生活的需要；池子太大，往往由于发酵原料不足或管理跟不上去等原因，造成产气率不高。

目前，我国农村沼气池产气率普遍不够稳定，夏天一昼夜每 m^3 池容约可产气 0.15m^3，冬季约可产气 0.1m^3 左右，一般农村五口人的家庭，每天煮饭、烧水约需用气 1.5m^3（每人每天生活所需的实际耗气量约为 0.2m^3，最多不超过 0.3m^3）。农村建池，每人平均按 1.5～2m^3 的有效容积计算较为适宜（有效容积一般指发酵间和贮气箱的总容积）。根据这个标准建池，人口多的家庭，平均有效容积少一点，人口少的家庭，平均有效容积多一点；北方地区一般气温较低，可多一点，南方地区一般气温较高，可少一点。如一个五口人的家庭，建造一个 8～10m^3 的沼气池，管理得好，所产沼气基本上能满足一家人一年四季煮饭、烧水或点灯的需要，在北方即使在冬季气温较低，产气量有所减少的情况下，仍可供煮两餐饭或烧开水用。所以一般家庭养猪存栏 6～10 头，日光温室面积在 100～150m^2，可建 6、8、10m^3 的沼气池为宜。

对于建在野外的四位一体生态型大棚模式，一般模式面积为 667m^2 左右，这时，养猪头数可增加，沼气池容积大一些为好，但这不是绝对的，因为若沼气池容积满足不了炊事用能及蔬菜生产用肥的需要，可由外界补充能源及肥料，从而使“模式”正常运行。

在农村，按每人每天平均用气量 0.3～0.4m^3，一个 4 口人的家庭，每天煮饭、点灯需用沼气 1.5m^3 左右。如果使用质量好的沼气灯和沼气灶，耗气量还可以减少。

根据科学试验和各地的实践，一般要求平均按一头猪的粪便量（约 5kg）入池发酵，即规划建造 1m^3 的有效容积估算。池容积可根据当地的气温、发酵原料来源等情况具体规划。一般家用池选择 8m^3 或 10m^3；南方地区，家用池选择 6m^3 左右。按照这个标准修建的沼气池，管理得好，春、夏、秋三季节所产生的沼气，除供煮饭、烧水、照明外还可有余，冬季气温下降，产气减少，仍可保证煮饭的需要。

3.4.3 沼气池的建池过程与施工

下面主要介绍水压式沼气池的建设方法，适合于农村沼气池的建设过程。

1. 建池地点的选择

（1）建池地点尽量选择地下水位低、土质好、背风向阳的地方，不要在低洼不易排水的地方建池。

（2）户用沼气池建造应与庭院建设统一，即“一池三改”（沼气池，改圈、改厕、改厨）为前提，先建沼气池，后建猪圈，以达到连续进料和冬季保温的目的。

（3）户用沼气池距离厨房一般以不超过 30m 为宜。

2. 备料

北方户用沼气池大多为 6～10m^3 为主。建一个 8m^3 沼气池，用砖混组合法建池，实际用料量：42.5 号普通硅酸盐水泥 1.5t 左右，砂 2m^3，粒径 0.5～2cm 卵石 2.5m^3，砖 1000 块，直径 6mm 钢筋 5kg。

3. 放线、挖坑

放线挖坑是保证建池质量的第一关，必须按规定尺寸施工。

（1）放线定位

选定的池坑区域内，先平整好场地，确定主池中心位置，画出进料口平面，发酵池平面和出料间平面的外框灰线，同时在尺寸线外 0.8m 处打下六根定位木桩，分别钉上钉子以便牵线，两线的交点便是发酵池和出料间的中心点。8m^3 发酵间外直径为 2.9m，深度为 2.2m，出料间外直径为 1.2m，深度为 2.3m；10m^3 发酵间外直径为 3.2m，深度为 2.2m，出料间外直径为 1.4m，深度为 2.3m。

图 3-21 是三种“模式”总体放线布置图，供放线时参考。以图 3-21 中 A 图为例说明放线要点有以下几项内容：①划出总体平面。②划出温室、猪舍面积，猪舍在东侧或西侧。③划出“模式”宽度中心线。④以 O 为起点，在猪舍内侧找出池的中心点 O，以 O 为圆心，以池的半径加 6cm 为半径画圆，确定池的位置。⑤确定进料口、出料口位置。要在“模式”宽度中心线上确定为进料口中心点和位于日光温室内的出料口中心点，用白灰做好标记。

（2）池坑开挖

根据池址的地质水文情况，进行直壁开挖池坑，并尽量利用土壁作胎模不要扰动原土，池壁要挖得圆整。边挖边检查，挖出的土应堆放在离坑远一点的地方，以免塌方或落入坑内。如遇地下水，需采取排水措施，尽量快挖快建。具体尺寸见表 3-1。

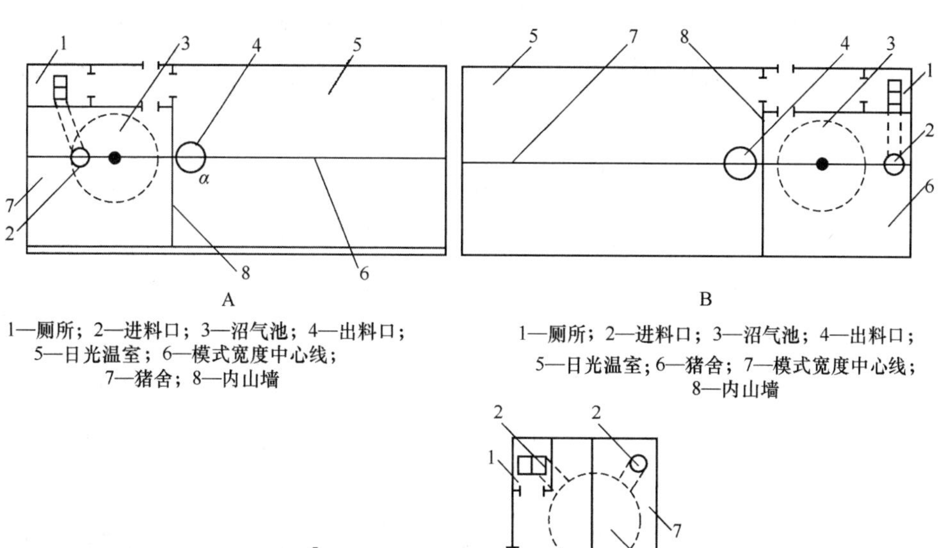

A 1—厕所；2—进料口；3—沼气池；4—出料口；5—日光温室；6—模式宽度中心线；7—猪舍；8—内山墙

B 1—厕所；2—进料口；3—沼气池；4—出料口；5—日光温室；6—猪舍；7—模式宽度中心线；8—内山墙

C 1—厕所；2—进料口；3—沼气池；4—出料口；5—日光温室；6—猪舍东西宽度中心线；7—猪舍

图 3-21 不同“模式”下的总体放线布置图

6～10m³ 沼气池结构规格标准 **表 3-1**

容积 /m³	内直径 /m	池墙高 /m	池顶矢高 /m	池顶曲率半径 /m	水压间	
					深/m	直径/m
6	2.40	1.00	0.48	1.74	2.10	0.90
8	2.70	1.00	0.54	1.96	2.18	1.00
10	3.00	1.00	0.60	2.18	2.28	1.10

池坑挖好后，在池底中心直立中心活动轮杆，校正池体各部位。

4. 池体施工

户用沼气池施工现主要采用混凝土整体现浇建池和砖混组合建池这两种工艺。混凝土整体现浇建池整体性能好、强度高、质量稳定、使用寿命长，但存在模具一次性投资大、建池容积受限制于模具、大小不能灵活变化、异地施工模具转运费用高等问题；砖混组合建池，是用单砖砌筑池墙和池盖，用细石混凝土加固的施工工艺，具有机动灵活、池容不受限制、施工方便、适应性强、整体强度可靠等优点。

（1）池底施工，土质好时，原土整实后，用C15混凝土直接浇灌池底6～8cm。如遇土质松软和沙土时，先铺一层碎石，轻整一遍后用1∶4的水泥砂浆将碎石缝隙灌满，厚度为4～5cm，然后再用水泥、砂、碎石按1∶3∶3的混凝土浇筑池底、混凝土厚度为6cm。

砌筑出料口通道，首先用砖和1∶2砂灰砌筑出料口通道，通道口净宽65cm，顶部起拱，上口距池上拱角不得小于25～30cm，防止产气多时水面下返由此跑气。

为了便于安放建池模具或利用砖模浇筑池体，减少材料损耗，池坑要规圆上下垂直。对于土质良好的地区坑壁可挖直，取土时由中间向四周开挖，开挖至坑壁时留有一定余地，然后按定位桩找出中心点，并钉一固定的木桩，用一条绳的一端固定在中心点的木桩上，绳的另一端拴上一把小把锄，使锄刀到中心点的长度等于池的半径加上墙厚度6cm画圆，刮掉阻碍通道的砂土，边挖边修整池坑，直到设计深度为止。池坑挖好后马上将池底修成锅底形状；由锅底中心至水压间底部挖一条U形浅槽，下返坡度5%。对于土质松散的地方，地面以下80cm应放坡取土，坡度大小要看土质松散程度而定，以坑壁不坍塌为原则，同时挖好进、出料口坑。如有地下水出现，池底要挖集水坑，以便排水。

建池时遇到地下水，可采用“避、引、堵”的办法来解决。“避”就是避开地下水，尽量不在多雨季节施工，选择地下水位较低、地势较高的地方建池，水网地区可建圆球形池或提高池身，建成半地下池。“引”就是引开地下水，施工前挖排水沟，尽量将水引走。池墙渗水，可将竹管插入渗水处或在池壁上凿“Y”形小沟，使水集中从沟内流至池底。对于池底渗水，可采用十字沟或环形沟集水，并在池底中央挖一较深小井，使水流入井内汲走，待工程告一段落无渗水排出时再填此井。“堵”就是堵住地下水，对池内个别小泉眼，可用砖头、小石块塞紧。若大面积渗水，可采用水玻璃药液防渗剂掺入水泥进行粉刷，快速凝固，堵塞有效。同时，在土质差、地下水位高处建池，池底下面还必须设置砂卵石垫层，其垫层的施工可先铺砌卵石，再用水沉法使砂子挤满卵石空隙，起到确保建池质量的作用。如建池场地确无地下水，池底以下可不加垫层及排水措施。

(2) 池墙施工，先把砖用水浸湿，每块砖横向砌筑，每层砖，砖缝错开，砌一层砖用混凝土浇筑一层，振捣密实后再砌第二层，混凝土重量比是水泥：砂：石=1：3：3，边砌边浇筑边振捣，中途不停直到池墙达到1m高度为止。在浇筑池墙的同时，也要浇筑出料间，但不同的是出料间的砖要竖放。池墙浇筑厚度为6cm。在砌筑池墙时砌完三层砖后安排入料管。进料管为陶瓷管，直径为20～30cm，长60cm。

(3) 池盖施工，一般采用单砖漂拱法。在砌筑时选择尺寸整齐，各平面平整。无过大翘曲的砖并用水浸湿，保持外干内湿，用灰砂比为1：2的细灰砌筑，砂浆黏性要好，灰浆饱满，灰缝必须错开，砖的内口顶紧，外口微张嵌牢，准备两根相同长的木棒。砌第一块砖，用木棒靠扶，再砌第二块砖，把第二根木棒靠扶，砌第三块砖时，依然用第二根木棒靠扶，以此顺序操作下去，每砌完一圈，砖与砖连接处用小块扁石头楔紧砖缝。当砌最后一圈砖时，为使盖口圆，必须用半砖进行砌筑。盖口直径为60cm左右。

(4) 密封层施工，认真做好沼气池的密封层是保证池体不漏水、不漏气的关键。

施工前，必须将沼气池内壁的砂浆、混凝土毛边等剔除并用水泥砂灰补好缺损。沼气池发酵间及进料管部位等采用7层密封法，出料间多采用3层密封法。

7层做法：基层刷浆，水灰比1：3刷一遍水泥浆1mm厚；底层抹灰，抹1：2.5水泥砂浆厚度为0.4～1cm；素灰层，厚度不超过1mm；油灰层抹1：2水泥砂浆，厚0.4cm；素灰层抹纯水泥浆，厚度不超过1mm；面层抹灰抹1：1水泥砂灰，厚度为0.3～0.4cm，要求砂子筛细，除掉大粒砂子，反复压光，以上6层施工必须在12小时内完成；刷密封胶，按说明将密封剂与水泥配好后，刷密封胶，共刷3遍，具体为第一次横刷，第二次竖刷，第三次横刷。

出料间采用3层做法：

底层抹灰用1：2.5水泥抹底层，厚度0.5cm；面层抹灰，抹1：1水泥细沙灰，厚度为0.4cm；面层刷密封胶。

密封层施工连续进行，不能间断，每道工序要做到“薄”、“匀”、“全”。进料口、出料口通道及主池口一定要认真仔细抹灰，这几处是容易漏水、漏气的地方，需要给予特别注意。

施工完毕后，沼气养护池合格后即可试水、试气填装畜禽粪便来产沼气。

5. 养护

用混凝土浇筑的每个部位，都要进行养护，要求在平均气温大于5℃条件下自然养护，外露混凝土应加盖草帘浇水养护，养护时间为7～10天。春、秋要注意早晚防冻。为达到养护目的，在沼气池密封处理以后要把出料口、进料口、池顶口用薄膜盖严。自然养护期达到后经检查试压就可以投料使用。建池完工24小时后如果下雨应及时向池内加水，加水量应是池内装料容积的一半，以防地下水位上涨鼓坏池体。

6. 检查验收

修建沼气池的技术人员，在建好沼气池后，都要对沼气池进行检查，除了在施工过程，对每道工序和施工的部分要按相关标准中规定的技术要求检查外，池体完工后，就对沼气池各部分的几何尺寸进行复查，池体内表面应无蜂窝、麻面、裂纹、砂眼和孔隙，无渗水痕迹等明显缺陷，粉刷层不得有空壳和脱落。接下来最基本的和主要的检查是看沼气池有没有漏水、漏气。检查的方法有两种：一种是直接检查法，另一种是试压检查法，包括水试压法和气试压法。

（1）直接检查法

必须全池强度养护达到70%以上才能进行，用手指或小木棒叩击无翘壳空响。全池内壁无渗水痕迹，无裂缝、砂眼、孔隙等肉眼可见的缺陷；池外输气管线、开关等配套设施安装齐全牢固。

（2）试压检查法

在直接检查完好的基础上，推荐采用气压检验为主，水压法检验为辅，亦可混合使用。

1）水试压法。向池内注水，水面至进出料管封口线水位时可停止加水，待池体湿透后标记水位线，观察12小时。当水位无明显变化时，表明发酵间的进出料管水位线以下不漏水，才可进行试压。

试压前，安装好活动盖，用泥和水密封好，在沼气出气管上接上气压表后继续向池内加水，当气压表水柱差达到10kPa（1000mm水柱）时，停止加水，记录水位高度，稳压24h，如果气压表水柱差下降0.3kPa（30mm水柱）内，符合沼气池抗渗性能。

2）气试压法。第一步与水试压法相同。在确定池子不漏水之后，将进、出料管口及活动盖严格密封，装上气压表，向池内充气，当气压表压力升到 8kPa 时停止充气，并关好开关。稳压观察 24 小时，若气压表水柱差下降在 0.24kPa 以内，沼气池符合抗渗性能要求。

新建沼气池和大换料后保养维护的旧池，必须经过检查验收合格，方可投料使用。

4 大中型沼气工程技术简介

根据《沼气工程规模分类》标准的规定，大中型沼气工程是指沼气池单体容积在 $50m^3$ 以上，或总体沼气池容积在 $100m^3$ 以上，日产沼气在 $50m^3$ 以上的，具有原料预处理及沼气、沼渣、沼液综合利用配套系统的系统工程。

大中型沼气工程技术是一项以开发利用养殖场粪污为对象，以获取能源和治理环境污染为目的，实现农业生态良性循环的农村能源工程技术。它包括厌氧发酵主体及配套工程技术、沼气利用产品与设备技术、沼肥制成液肥和复合肥技术。其中，厌氧发酵主体及配套工程技术，主要是通过厌氧发酵及相关处理降低粪水有机质含量，达到或接近排放标准并按设计工艺要求获取能源——沼气；沼气利用产品与设备技术，主要是利用沼气或直接用于生活用能、或发电、或烧锅炉、或直接用于生产供暖、或作为化工原料等；沼肥制成液肥和复合肥技术，则主要是通过固液分离技术，添加必要的元素和成分，使沼肥制成液肥或复合肥，供自身使用或销售。

我国的大中型沼气工程始于 1936 年，此后，大中型废水、养殖业污水、村镇生物质废弃物、城市垃圾沼气的建立拓宽了沼气的生产和使用范围。随着我国经济发展和人民生活水平的提高，工业、农业、养殖业的发展，大型废弃物发酵沼气工程将成为我国可再生能源利用和环境保护切实有效的方法。

4.1 大中型沼气工程基本工艺流程

一个完整的大中型沼气工程，无论其规模大小，工艺流程一般包括原料（废水）的收集、预处理、消化器（沼气池）、出料的后处理和沼气的净化、储存与输配技术等环节。

4.1.1　沼气发酵原料及收集

1. 原料的评估和计量

为了准确而有效地评估和计量发酵原料或有机废水中有机物的含量，以及各种发酵原料的沼气产量，常用如下指标对原料进行评价和计量。

（1）总固体（TS）

总固体（TS）又称干物质。将一定量的原料置于温度为103～105℃的烘箱内，烘至恒重，就是总固体，它包括可溶性固体和不溶性固体。原料中的干物质含量常用百分率表示，其计算方法如下：

$$原料总固体含量(\%)=\frac{W_2}{W_1}\times 100\%$$

式中：W_1——烘干前样品质量；

W_2——烘干后样品质量，即干物质量。

（2）悬浮固体（SS）

悬浮固体是指水中不能通过过滤器的固体物质。它既可以从总固体和溶解性固体之差得到，也可通过直接测定得到，即用坩埚或定量滤纸过滤水样，再将滤渣置于103～105℃的温度条件下烘干称重而得出。

（3）挥发性固体（VS）及挥发性悬浮固体（VSS）

在总固体或悬浮固体中，除含有灰分外，还常夹杂有泥沙等无机物，可将测得的TS或SS进一步放入马弗炉内，于550±50℃的条件下灼烧1小时，此时TS或SS中所含的有机物全部分解而挥发，挥发掉的固体称为挥发性固体（VS）或挥发性悬浮固体（VSS）。

（4）化学耗氧量（Chemical Oxygen Demand，简称COD）

化学耗氧量是指在一定条件下，水中的有机物与强氧化剂重铬酸钾作用时所消耗的氧的量。用重铬酸钾作为氧化剂时，水中的有机物几乎可以全部被氧化。化学耗氧量可以较准确地反映水中有机物的总量，特别是在水中的有机物浓度较低时更是如此。

1kgCOD经厌氧消化后可产生多少甲烷呢？假定在厌氧消化过程中有机物全部转化为沼气，而没有细胞物质形成，则1kgCOD可产甲烷0.35m^3，如果按所产沼气中甲烷含量为60%计算，则每 kgCOD 的沼气产量为 0.583m^3，而实际上消耗每 kgCOD 只有 0.45～0.50m^3 沼气产生。

（5）生化耗氧量（BOD）

在有氧的条件下，由于微生物的活动，将水中的有机物氧化分解所消耗的氧的量，称生化耗氧量（Biochemical Oxygen Demand，简称 BOD），通常是在20℃温度条件下，经 5 天培养后所消耗的溶解氧的量，用 BOD_5 表示。BOD_5 常用来表示可被微生物分解的有机物的含量。

COD 和 BOD 是目前国际上普遍用来间接表示水中有机物浓度的指标，一般同一水样的 BOD 与 COD 的比值，可以反映水中有机物易被微生物分解的程度。由于微生物在代谢有机物时，一部分有机物被氧化转换成能量，另一部分则作为营养物质合成微生物的细胞，所以 BOD_5/COD 的最大值也只有 0.58。用 BOD_5/COD 的比值来初步评价有机物的可生物降解性，可参考表 4-1 所列数据。

BOD_5/COD 值与可生物降解性参考数据　　表 4-1

BOD_5/COD	生物分解速度	可生物降解性	举　例
>0.4	较快	较好	乙酸、甘油、丙酮
0.4～0.3	一般	可降解	城市生活污水
0.3～0.2	较慢	较难	丁香皂、丙烯醛
<0.2	很慢	不宜生物降解	异戊二乙烯、丁苯

2. 原料的收集

充足而稳定的原料供应是厌氧消化工艺的基础，不少沼气工程因原料来源的变化而被迫停止运转或者报废。原料的收集方式又直接影响原料的质量，如一个猪场采用自动化冲洗，则其 TS 浓度一般只有 1.5%～3.5%，若采用刮粪板刮出，则原料浓度可达 5%～6%，如手工清运则浓度可达 20%左右。因此，在畜禽场或工厂设计时，应根据当地条件合理安排废物的收集方式及集中地点，以便就近进行沼气发酵处理，工艺设计时还应注意贯彻废物产生的减量化原则。

收集到的原料一般要进入调节池储存，因为原料收集时间往往比较集中，而消化器的进料常需在一天内均匀分配，所以调节池的大小一般要能储存 24 小时的废物量。在温暖季节，调节池常可兼有酸化作用，这对改善原料性能和加速厌氧消化有好处。

4.1.2 原料的预处理

原料中常混杂有生产作业中的各种杂物，为便于用泵输送及防止发酵过程中出现故障，或为了减少原料中的悬浮固体含量，也可在原料进入消化器之前采取升温或降温等措施，因而要对原料进行预处理。

在预处理时，牛粪和猪粪中的长草、鸡粪中的鸡毛都应去除，否则极易引起管道堵塞。一般农场可采用绞龙除草机去除牛粪中的长草，能收到较好的效果。再配用切割泵进一步切短残留的较长纤维和杂草，可有效地防止管路堵塞。能够分离出来的长草可用破碎机粉碎后再用作填料。鸡粪中还含有较多贝壳粉和砂砾等，牛粪中常带有用作卧床的沙土，必须沉淀清除，否则会很快大量沉积于消化器底部，并且难以排除。

酒精和丙酮丁醇废醪因加热蒸馏，排出温度高达100℃，因此需要降温后才能进入消化器，有条件时可采用各种固液分离机将固体残渣分出用作饲料，具有较好的经济效益。有些高强度的无机酸碱废水在进料前还应进行中和，最好采用酸性和碱性废水混合处理，如将酸性的味精废水和碱性的造纸废水加以混合即可收到良好效果。

4.1.3 厌氧消化器

厌氧消化器或称沼气池是沼气发酵的核心设备。微生物的繁殖、有机物的分解转化、沼气的生成都是在消化器里进行的，因此，消化器的结构和运行情况是一个沼气工程设计的重点，需要根据发酵原料或处理污水的性质以及发酵条件选择适宜的工艺类型和消化器结构。

目前应用较多的工艺类型及消化器结构有常规型消化器、污泥滞留式消化器和附着膜式消化器。我国农村大量使用的户用水压式沼气池和酒厂使用的隧道式沼气池均属于常规型消化器。污泥滞留式消化器中，使用较多的有适用于处理可溶性废水的升流式厌氧污泥床（简称UASB）及适用于处理高悬浮固体的升流式固体反应器（简称USR），这两种消化器结构是目前我国使用最多的工艺类型。

在附着膜式消化器中，目前使用的主要是弹性填料和软填料过滤器，适用于低浓度可溶性有机废水处理，具有处理快、运行容易的优点；但投资多、易发生堵塞。各类消化器的结构及特性将在 4.2 节进行介绍。

4.1.4 厌氧消化液（或称出料）的后处理

厌氧消化液（或称出料）后处理的方式多种多样，最简便的就是直接用作肥料施入土壤或鱼塘。但施用时有季节性的要求，不能保证连续的后处理。可靠的方法是将出料进行沉淀后再将沉渣进行固液分离，固体残渣用作肥料或配合适量化肥做成适用于各种花果的复合肥料，清液部分应首先考虑用作液肥，也可经曝气池、氧化塘等好氧处理设备后排放，经好氧处理过的污水可用于灌溉或再回用为生产用水。目前的固液分离方式有沙滤式干化槽、卧螺式离心机、水力筛、带式压滤机和螺旋挤压式固液分离机等。

4.1.5 沼气的净化和储存

沼气发酵时会有水分蒸发变成水蒸气后进入沼气，由于微生物对蛋白质的分解或硫酸盐的还原作用也会有一定量硫化氢（H_2S）气体生成并进入沼气。当沼气在管道中流动时，由于温度、压力的变化，水蒸气冷凝变成凝结水，将会增加沼气在管路中流动时的阻力，水蒸气过多时将会导致管路发生堵塞现象，有时气体流量计中也充满了水，影响计量仪表的精度和寿命，而且由于水蒸气的存在，还降低了沼气的发热量。硫化氢是一种腐蚀性很强的气体，它可引起管道及仪表的快速腐蚀，硫化氢本身及燃烧时产生的二氧化硫（SO_2）对人也有毒害作用。而水与硫化氢的共同作用，更加速了金属管道、阀门及流量计的腐蚀和堵塞。另外，沼气中的硫化氢燃烧后生成二氧化硫，它与燃烧产物中的水蒸气结合成亚硫酸，使燃烧设备的低温部位的金属表面产生腐蚀，还会造成对大气环境的污染，影响人体健康。大型沼气工程，特别是用来集中供气的工程必须设法脱除沼气中的冷凝水及硫化氢。

在大中型沼气工程中，由于厌氧消化装置工作状态的波动及进料量和浓度的变化，单位时间的沼气产量也有所变化。当沼气作为生活用能进行集中供气时，由于沼气的生产是连续的，而沼气的使用是间歇的，为了合理、有效地平衡产气和用气之间的矛盾，通常采用贮气的方法来解决。

4.1.6　沼气的输配技术

沼气输配是指将沼气输送分配至各用气点（户），输送距离有时可达数千米。输送管道通常采用塑料管和金属管，近年来采用高压聚乙烯塑料管作为输气干管已被成功应用。气体输送所需的压力通常依靠沼气产生时所提供的压力即可满足，远距离输送可采用增压措施。

沼气作为一种生活能源向居民供气是需要输配系统的，沼气输配系统是指自沼气站至用户前所设置的一系列沼气输配设施的总称。对于较大型工程来说，主要由中、低压力的管网、居民小区的调压器组成。对于小规模居民区或大中型沼气工程来说，沼气站内的供气系统主要包括低压管网及管路附件。

沼气输配管网系统确定后，需要具体布置沼气管线。沼气管线应能确保安全可靠地供给各类用户压力正常、数量足够的沼气，在布线时首先应满足使用上的要求，同时要尽量缩短线路，以节省管材和投资。

乡镇沼气管线的布置应遵循全面规划、远近结合、以近期为主、分期建设的原则。在布置沼气管线时，应考虑沼气管道的压力状况，街道地下各种管道的性质及布置情况，街道交通量及路面结构情况，街道地形变化及障碍物情况，土壤性质及冰冻线深度以及与管道相接的用户情况等。

用户沼气管包括引入管和室内管。引入管是指从室外管网到一幢楼房或一个用户而敷设的管道。在供暖地区输送湿燃气的引入管一般由地下引入室内，当采取防冻措施时，也可由地上引入室内。在非供暖地区或输送干燃气，且管径不大于 75mm 的管线，则可由地上直接引入室内。

用户引入管与庭院燃气管的连接方法与使用的管材不同。当庭院燃气管及引入管为钢管时，一般应为焊接或丝接；当庭院燃气管道为塑料管，引入管为镀锌钢管时应采用钢塑接头。

引入管接入室内后，立管从楼下直通上面各层，每层分出水平支管，经沼气流量计再接至沼气灶。沼气流量计两侧的水平支管，均应有不小于 0.2%的坡度坡向立管。公称直径大于 25mm 的横向行空不能贴墙敷设时，应设置在角铁支架上，支架间距参照表 4-2 的规定。

不同管径采用的支架间距 表 4-2

管径/mm	方向	15	20	25	32	40	50	75	100
间距/m	横向	2.5	2.5	3.0	3.5	4.0	4.5	5.5	6.5
	竖向	按横向间距适当放大							

4.2 厌氧消化器

本节将阐述厌氧消化器的特性及分类方法，并对目前常用的消化器结构及特性进行介绍，同时对沼气的其他发酵工艺亦进行了简单的阐释。

4.2.1 厌氧消化器特性的构成因素

厌氧消化器的分类因情况不同而多种多样，如按控制温度不同可分为中温、高温及常温消化器；按投料方式可分为分批或间歇投料、半连续投料和连续投料；按发酵阶段划分可分为两阶段发酵、一级发酵和两级或多级发酵等。这些划分方式都是根据消化器结构或运行的某一方面的特点来进行的，但缺乏本质的划分。一个厌氧消化器，无论是哪一种类型工艺，在具备适宜的运行条件基础上，决定其功能特性的构成因素主要是水力滞留期（HRT）、固体滞留期（SRT）和微生物滞留期（MRT），并应据此对消化器进行分类。

1. 水力滞留期（HRT）

水力滞留期是指一个消化器内的发酵液按体积计算被全部置换所需要的时间，通常以天（用字母表示为 d）或小时（用字母表示为 h）为单位，可按下式进行计算：

$$\text{HRT（d）}=\frac{\text{消化器的有效容积（}m^3\text{）}}{\text{每天进料量（}m^3\text{）}}$$

从上式可以看出，对一个消化器来说，HRT 与每天的进料量呈函数关系。

例如，一个消化器容积为 $100m^3$，每天进料量为 $5m^3$，则 HRT 为 20 天。无论是半连续投料运行，还是连续投料运行的消化器都可以根据 HRT 来确定投料量，生产上习惯使用投配率一词，即每天进料体积占消化器有效容积的百分数，按下式计算：

$$投配率（\%）=\frac{每天进数量（m^3）}{消化器的有效容积（m^3）}$$

按此公式计算前面举例消化器的投配率为 5%，HRT 则为投配率的倒数 20 天。当消化器在一定容积负荷条件下运行时，其 HRT 与发酵原料有机物的含量成正比，有机物含量越高，HRT 则越长，这将有利于提高有机物的分解率。

对于一个每天污水产量一定的工程来说，在确定了 HRT 以后，就可以求出消化器的体积。例如，一个饲养 1000 头猪的养殖场，每头猪每天产生的污水量为 25 升，则养殖场每天的污水产生量为 $25m^3$，如果 HRT 定为 10 天，则消化器的有效容积为 $250m^3$，为防止发酵液产生的泡沫堵塞导气管，所以常留 10% 的体积富余量，因此消化器的有效容积只占消化器总体积的 90%，这样即可按下式计算出消化器的体积：

$$消化器体积(m^3)=\frac{每天进料量(m^3)\times HRT(d)}{消化器有效容积率(\%)}$$

则该猪场的消化器体积为：

$$猪场消化器体积(m^3)=\frac{每天进料量(m^3)\times HRT(d)}{消化器有效容积率(\%)}=\frac{25m^3\times 10d}{90\%}=277.8m^3$$

常规消化器的体积通常是根据 HRT 来进行设计的，而在大型沼气工程的设计中，则根据消化器的容积负荷来确定。一般可溶性有机物容易分解，固体有机物分解较慢，所以固体滞留期（SRT）就显得很重要。

2. 固体滞留期（SRT）

固体滞留期是指悬浮固体物质在消化器里被置换的时间。在一个混合均匀的完全混合式消化器里，SRT 与 HRT 相等。而在一个非完全混合式消化器里，例如在升流式固体反应器（USR）中，如果能测定出消化器内和出水中的悬浮固体的浓度和密度，则 SRT 可按下式进行计算：

$$\mathrm{STR(d)}=\frac{(TSS_r)(RV\times D_r)}{(TSS_e)(EV\times D_e)}$$

式中：TSS_r——消化器内总悬浮固体的平均百分浓度；

TSS_e——消化器出水中总悬浮固体的平均百分浓度；

RV——反应器体积；

EV——每天出水的体积；

D_r——消化器内固体物的密度；

D_e——出水中固体物的密度。

从公式可以看出，SRT 在非完全混合消化器里与 HRT 无直接关系，在消化器内，污泥密度与出水中的污泥密度基本相等的情况下，消化器体积与出水体积不变时，SRT 与消化器内总悬浮固体的平均百分浓度成正比，而与出水中的总悬浮固体的平均百分浓度成反比。按这个公式计算，一个 HRT 为 5 天的实验用鸡粪消化器，其 SRT 长达 25 天。实验表明，固体有机物的分解率与 SRT 成正相关，因此，延长 SRT 是提高固体有机物消化率的有效措施。

3. 微生物滞留期（MRT）

微生物滞留期是指从微生物细胞的生成到被置换出消化器的时间。在一定条件下，微生物繁殖一代的时间是基本稳定的，如果 MRT 小于微生物增代的时间，微生物将会被从消化器里冲洗干净，厌氧消化将被终止。如果微生物的增代时间与 MRT 相等，微生物的繁殖与被冲出处于平衡状态，消化器的消化能力难以增长，消化器则难以启动。如果 MRT 大于微生物增代时间，则消化器内微生物的数量会不断增长。因此，延长 MRT 不仅可以提高消化器处理有机物的效率，并且可以降低微生物对外加营养物的需求，还可减少污泥的排放，减轻二次污染物的产生。

4.2.2 厌氧消化器的类型

由前述可知，HRT、SRT、MRT 的长短直接影响着消化器的性能，故根据 HRT、SRT、MRT 的不同，可将厌氧消化器分为三种类型，见表 4-3 所示。第一类消化器为常规型消化器，也有人称为第一代消化器，这类消化器的特征为 HRT、SRT、MRT 相等，即固体、液体、微生物混合在一起，出料时三者同时被淘汰，消化器内没有足够的微生物，且固体物质由于滞留期短而得不到充分消化，因而效率比较低。第二类消化器的特征为通过各种固液分离方式，将 SRT、MRT 与 HRT 加以分离，从而在较短的 HRT 情况下获得较长的 MRT 和 SRT，即在发酵液被排出时，微生物和固体物质所构成的污泥得到保留，因而称为污泥滞留型。第三类消化器为附着膜型消化器，在消化器内安放有惰性支持物，微生物呈膜状固着于支持物表面，进料中的液体和固体在穿流而过的情况下，微生物固着滞留于消化器内，从而使消化器具有较高的效率。

厌氧消化器的类型　　**表 4-3**

类型	特征	消化器举例
常规型	MRT＝SRT＝HRT	水压式沼气池 塞流式 完全混合式
污泥滞留型	(MRT、SRT)＞HRT	厌氧接触工艺 升流式固体反应器 升流式厌氧污泥床 折流式
附着膜型	MRT＞(SRT、HRT)	厌氧滤器 流化床和膨胀床

1. 常规型消化器

常规型消化器包括常规消化器（如各种样式的户用沼气池等）、完全混合式消化器（连续搅拌罐）及塞流式消化器等。

（1）常规消化器，也称常规沼气池，是一种结构简单，应用广泛的工艺类型。通常消化器内无搅拌装置，原料在消化器内呈自然沉淀状态，一般分为 4 层，从上到下依次为浮渣层、上清液层、活性层和沉渣层。其中厌氧消化微生物活动旺盛的场所只限于活性层内，因而效率较低，消化器多在常温下运行。我国最早使用的水压式沼气池以及经技术改进后的分离浮罩式沼气池和曲流布料式沼气池等等均属于常规消化器，其类型及具体结构等内容详见第 2 章。

（2）完全混合式消化器，也称高速消化器，它是在常规消化器内安装了搅拌装置，使发酵原料和微生物处于完全混合状态。与常规消化器相比，其活性区遍布整个消化器内，产气速度比常规消化器有明显提高，故名高速消化器，其结构如图 4-1 所示。该消化器采用恒温连续投料或半连续投料运行，适用于高浓度及含有大量悬浮固体原料的处理。在消化器内，新进入的原料由于搅拌作用很快与发酵器内的全部发酵液混合，

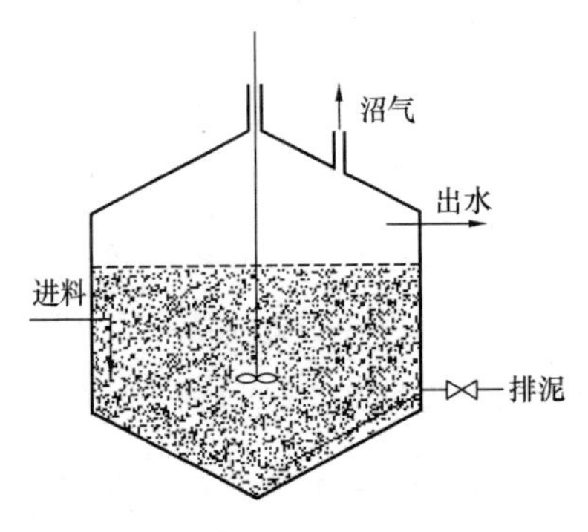

图 4-1　完全混合式消化器示意图

使发酵底物的浓度始终保持相对较低状态，而排出的料液又与发酵液的底物浓度相等，并且在出料时微生物也一起被排出，所以出料浓度一般较高。

完全混合式消化器是典型的 HRT、SRT 和 MRT 完全相等的消化器，为了使生长缓慢的产甲烷菌的增殖和冲出速度保持平衡，这就要求较长的 HRT，一般要 10～15 天或更长的时间。该消化器是以前使用最多、适用范围最广的一种消化器，但随着近年来研究工作的深入，发现此种消化器能耗大，效率也较低，故应用范围正在逐渐缩小。

（3）塞流式消化器，亦称推流式消化器，是一种长方形的非完全混合式消化器，高浓度悬浮固体原料从一端进入，另一端流出。由于消化器内沼气的产生，呈现垂直的搅拌作用，而横向搅拌作用甚微，原料在消化器内的流动呈活塞式推移状态。在进料端呈现较强的水解酸化作用，甲烷的产生随着向出料方向的流动而增强。由于进料缺乏接种物，所以要进行固体回流。为了减少微生物的冲出，在消化器内应设置挡板，有利于运行的稳定，其结构原理示意图见图 4-2。

塞流式消化器在我国已有多种应用，最早用于酒精废醪的厌氧消化，处理酒精废醪时应设置挡板进行折流，因其浓度低易生成沉淀，造成死区。后来用于牛粪的厌氧消化效果较好，因牛粪质轻、浓度高、长草多，本身含有较多产甲烷菌，不易酸化，所以用塞流式消化器处理牛粪较为适宜。该消化器要求进料粗放，不用去长草，不用泵或管道输送，使用绞龙或斗车直接将牛粪投入池内。塞流式消化器不适用于鸡粪的发酵处理，因鸡粪沉渣多，易生成沉淀而大量形成死区，严重影响消化器效率。

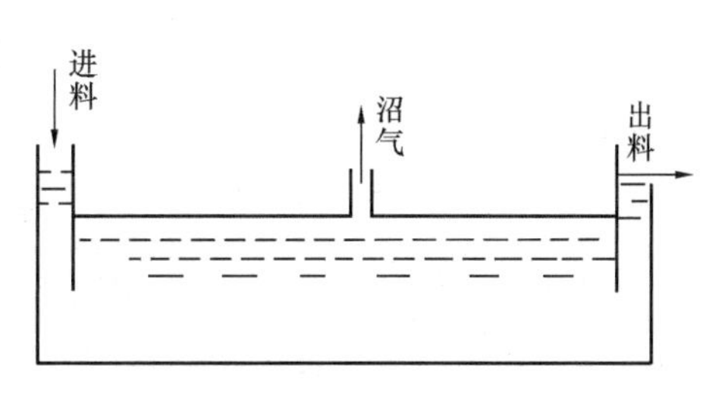

图 4-2 塞流式消化器示意图

2. 污泥滞留型消化器

污泥在消化器内的重要性已得到人们的认知，因而通过各种固液分离方式将 MRT、SRT 和 HRT 加以分离，使大量污泥滞留于消化器内，在较短的 HRT 情况下，具有较长的 MRT 和 SRT，有效提高了消化器的效率，缩小了所需消化器的体积，这就是污泥滞留型消化器的特征。该类消化器包括厌氧接触工艺、升流式厌氧污泥床和升流式固体反应器以及近年来开发利用的内循环反应器等类型。

（1）厌氧接触工艺

厌氧接触工艺就是在完全混合式消化器之外再加一个沉淀池来收集污泥，使其再回流入消化器内，工艺流程图如图 4-3 所示，有人称其为带有污泥回流的连续搅拌罐反应器。

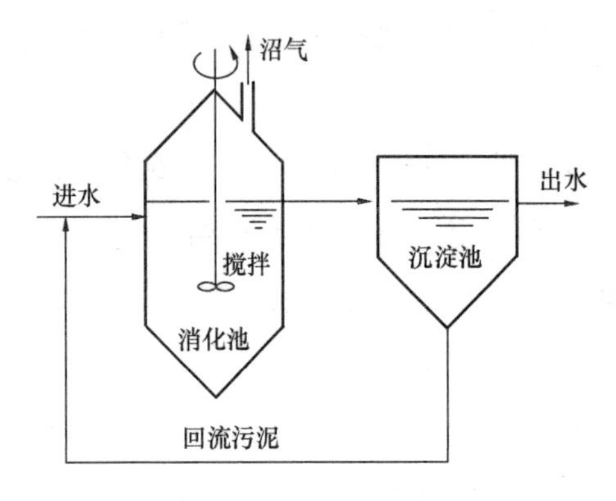

图 4-3　厌氧接触工艺示意图

由完全混合式消化器排出的混合液首先在沉淀池中进行固液分离，上清液由沉淀池上部排出，沉淀下的污泥再回流至消化器内，这样既减少了出水中的固体物含量，又提高了消化器内的污泥浓度，从而在一定程度上提高了设备的有机负荷率和处理效率。由于厌氧接触工艺具有诸多优点，故在生产上被普遍采用。

实践表明，该工艺允许污水中含有较高的悬浮固体，耐冲击负荷，具有较大的缓冲能力，操作过程比较简单，工艺运行比较稳定，消化器及沉淀池的构造均有定型设计，因此这种工艺实用性较强。与完全混合式消化器相比较，两者具有相同的优点，而厌氧接触工艺具有的缺点是需要额外的设备来使固体和微生物沉淀与回流。

（2）升流式厌氧污泥床（UASB）

UASB 是由 Lettinga 等于 1974～1978 年研究成功的一项新工艺，是目前世界上发展最快的消化器。

消化器内部分为三个区，从下至上为污泥床、污泥悬浮层和气、液、固三相分离器。消化器的底部是浓度很高并具有良好沉淀性能和凝聚性能的絮状或颗粒状污泥形成的污泥床，污水从底部经布水管进入污泥床，向上穿流并与污泥床内的污泥混合，污泥中的微生物分解污水中的有机物，将其转化为沼气。沼气以微小气泡的形式不断放出，并在上升过程中不断合并成大气泡，在上升的气泡和水流的搅动下，消化器上部的污泥处于悬浮状态，形成一个浓度较低的污泥悬浮层。在消化器的上部设有气、液、固三相分离器，其结构原理示意图见图 4-4。

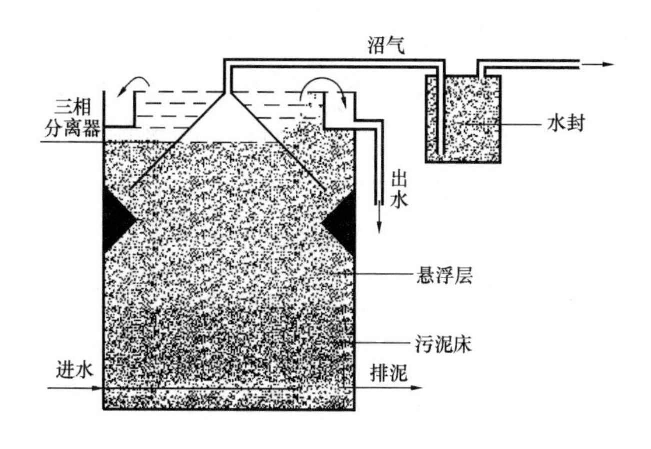

图 4-4　UASB 消化器结构示意图

在消化器内生成的沼气气泡受反射板的阻挡进入三相分离器下面的气室内，再由管道经水封而排出。固、液混合液经分离器的窄缝进入沉淀区，在沉淀区内由于污泥不再受到上升气流的冲击，在重力作用下而沉淀。沉淀至斜壁上的污泥沿着斜壁滑回污泥层内，使消化器内积累起大量的污泥，分离出污泥后的液体从沉淀区上表面进入溢流槽而流出。

该工艺将污泥的沉降与回流置于一个装置内，降低了造价。该工艺的优点有：除三相分离器外，消化器结构简单，没有搅拌装置及供微生物附着的填料；长的 SRT 和 MRT 使其达到了很高的负荷率；颗粒污泥的形成，使微生物天然固定化，改善了微生物的环境条件，增加了工艺的稳定性；出水的悬浮固体含量低。缺点有：需要安装三相分离器；进水中只能含有低浓度的悬浮固体；需要有效的布水器使进料能均布于消化器的底部；当冲击负荷或进料中悬浮固体含量升高以及遇到有毒物质时，会引起污泥流失。

（3）膨胀颗粒污泥床反应器（EGSB）

EGSB 实际上是改进的 UASB，该工艺为了获得较高的上升流速，采用高达 20～30m 的反应器或配以出水回流来获得较高的上升流速，使厌氧颗粒污泥在反应器内呈膨胀状态，故名为膨胀颗粒污泥床反应器。

EGSB 的上升流速高达 6～12m/h，而 UASB 的上升流速通常只有 1～3m/h，高的上升流速使得颗粒污泥在反应器内处于悬浮状态，从而保证了进水与颗粒污泥的充分接触，容积负荷 COD 可高达 20～30kg/（m^3 · d）。在常温下处理生活污水时，水力滞留期（HRT）达 1.5～2h，COD 去除率可高达 90%。EGSB 工艺在低温条件下处理低浓度污水时，可以得到比其他工艺更好的效果。近年来的研究表明，在温度为 8℃的条件下，进水中的 COD 浓度为 550～1100mg/L、反应器上升流速为 10m/h 时，其容积负荷达 1.5～6.7g/（L·d），COD 去除率达 97%。

由于 EGSB 采用高的升流速度运行，运行条件和控制技术要求较高，并且不适用于处理固体物含量高的废水，因悬浮固体通过颗粒污泥床时会随出水而很快被冲出，难以得到降解。我国已引进该项工艺技术。

（4）升流式固体反应器（USR）

升流式固体反应器是一种结构简单，适用于高悬浮固体原料的消化器。它的结构如图 4-5 所示。原料从底部进入消化器内，消化器内不需要安置三相分离器，不需要污泥回流，也不需要完全混合式消化器那样安装搅拌装置。未消化的生物质固体颗粒和沼气发酵微生物，靠被动沉降滞留于消化器内，上清液从消化器上部排出，即可得到比 HRT 高得多的 SRT 和 MRT，从而提高了固体有机物的分解率和消化器的效率。实际使用中的升流式固体反应器如图 4-6 所示。

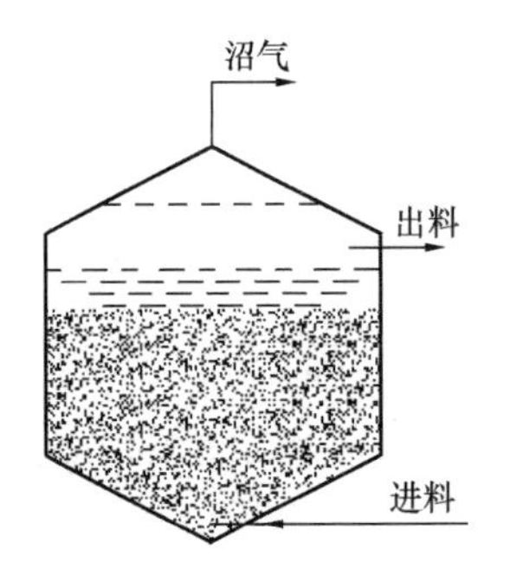

图 4-5　升流式固体反应器示意图

图 4-6　升流式固体反应器

（5）内循环（IC）厌氧反应器

内循环（Internal Circulation）厌氧反应器，简称 IC。1986 年由荷兰某公司研究成功并用于生产，是目前世界上效能最高的厌氧反应器。该反应器集 UASB 和流化床反应器的优点于一身，利用反应器内所产生沼气的提升力实现发酵料液内循环的一种新型反应器。近年来，清华大学环境科学与工程系等对该反应器进行了深入的研究并已投入生产使用。

IC反应器的基本构造如图4-7所示，如同把两个UASB反应器叠加在一起，反应器高度可达16～25m，高径比可达4～8。其内部增设了沼气提升管和回流管，上部增设了气液分离器。反应器启动时投加大量颗粒污泥。运行过程中，用第一反应室所产沼气经集气罩收集并沿提升管上升作为动力，把第一反应室的发酵液和污泥提升至反应器顶部的气液分离器，分离出的沼气从导气管排走，泥水混合液沿回流管返回第一反应室内，从而实现了下部料液的内循环。如处理低浓度废水时循环流量可达进水流量的2～3倍，处理高浓度废水时循环流量可达进水流量的10～20倍，结果使第一厌氧反应室不仅有很高的生物量和很长的滞留期，并且有很大的升流速度，使该反应室的污泥和料液基本处于完全混合状态，从而大大提高第一反应室的去除能力。经第一反应室处理过的废水，自动进入第二厌氧反应室。废水中的剩余有机物可被第二反应室内的颗粒污泥进一步降解，使废水得到更好的净化。经过两级处理的废水在混合液沉淀区进行固液分离，清液由出水管排出，沉淀的颗粒污泥可自动返回第二反应室。这样废水完成了全部处理过程。

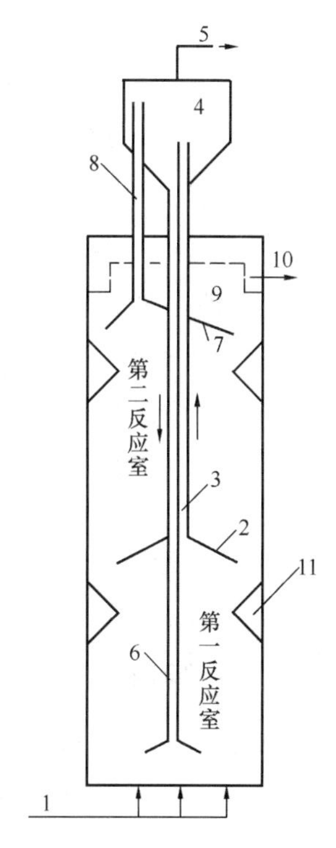

图4-7 IC反应器构造原理示意图

1—进水；2—第一反应室集气罩；3—沼气提升管；4—气液分离器；5—沼气导管；6—回流管；7—第二反应室集气罩；8—集气管；9—沉淀区；10—出水管；11—气封

以上几种类型的污泥滞留型消化器中，活性污泥以悬浮状态存在，人们采用了各种方法使污泥滞留于消化器内，取得了较长的MRT和SRT，效率明显比常规型消化器要高，但在受到冲击负荷或有毒物质时，常会因挥发酸含量上升而引起污泥流失，所以要定时对发酵情况进行监测，以指导消化器的正常运行。

3. 附着膜型消化器

这类反应器的突出特点是微生物固着于安放在消化器内的惰性介质上，在允许原料中的液体和固体穿流而过的情况下，固定在微生物于消化器内。应用或研

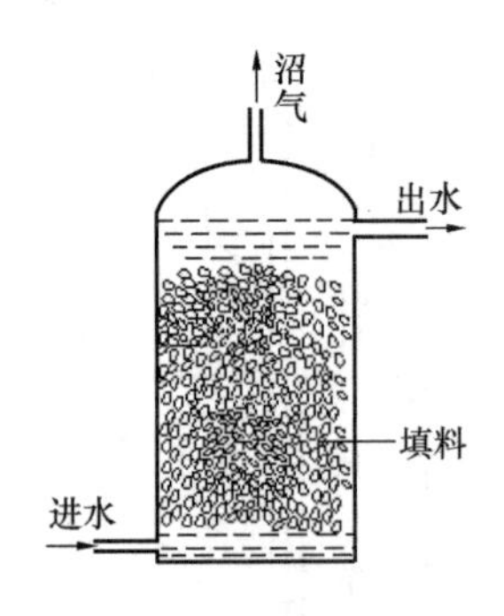

图 4-8　厌氧滤器结构示意图

究较多的附着膜型反应器有厌氧滤器（AF）、流化床（FBR）和膨胀床（EBR）。

（1）厌氧滤器（AF）

厌氧滤器的结构示意图如图 4-8 所示，在它的内部安置有惰性介质（又称填料），过去多采用石块、焦炭、煤渣或蜂窝状塑料制品，现在多采用合成纤维填料。填料的主要功能是为厌氧微生物提供附着生长的表面积，一般来说，单位体积消化器内载体的表面积越大，可承受的有机负荷越高。此外，填料还要有相当的孔隙率，在同样的负荷条件下，孔隙率高则 HRT 越长，有机物去除率越高，而且高孔隙率对防止滤池堵塞和产生短流均有好处。

沼气发酵细菌，尤其是产甲烷菌具有在固体表面附着的习性，它们呈膜状附着于填料上，并在填料中的孔隙里互相黏附成颗粒或絮状存留下来，当污水自下而上或自上而下流动通过生物膜时，有机物被细菌利用而生成沼气。

厌氧滤器的优点：不需要搅拌操作；具有较高的负荷率，消化器体积缩小；微生物呈膜状固着在惰性介质上，MRT 长，污泥浓度高，运行稳定，技术要求较低；非常能够承受负荷变化；长期停运后可快速重新启动。

厌氧滤器的缺点：填料的费用较高，安装施工较复杂，填料寿命一般 1～5 年，要定时更换；易产生堵塞和短路；只能处理低 SS 含量的废水，对高 SS 废水的处理效果不佳，并易造成堵塞。

目前，厌氧滤器在国内外的应用都较少，其发展前途将视其与 UASB 性能的综合比较而决定，一些新型填料的应用还有待长期运行的考验。

（2）流化床（FBR）和膨胀床（EBR）

流化床和膨胀床反应器结构示意图如图 4-9 所示，在反应器内部填有像砂粒（直径为 0.2～0.5mm）一样大小的惰性颗粒或活性颗粒供微生物附着，如细沙、如

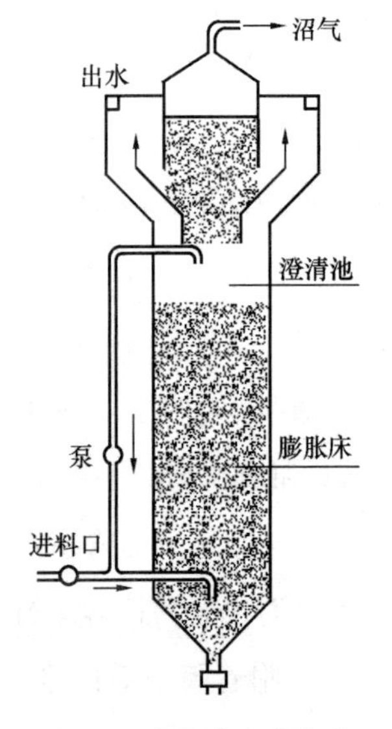

图 4-9　流化床和膨胀床反应器示意图

活性炭、焦炭粉、硅藻土、粉煤灰或合成材料等，当有机污水自下而上穿流过细小的颗粒层时，污水及所产气体的气流速度足以使介质颗粒呈流动或膨胀状态。

这两种反应器可以在相当短的 HRT 情况下，允许进料中的液体和少量固体物穿流而过，适用于易消化的低固体物含量的有机污水的处理。它们的优点是可为微生物附着提供更大表面积，且一些颗粒状固体物穿过支持介质，但为了使介质颗粒膨胀或流态化而需要 0.5～10 倍的料液再循环，使得运行能耗大。这两种工艺研究较多，实际应用较少。

4.2.3 其他沼气发酵工艺

1. 两阶段厌氧消化

在我国又被称作两步发酵或两相厌氧消化，是将沼气的水解酸化阶段和产甲烷阶段加以隔离，分别在两个消化器内进行的沼气发酵工艺。该工艺已有近 30 年的研究历史，两阶段厌氧消化装置如图 4-10 所示。

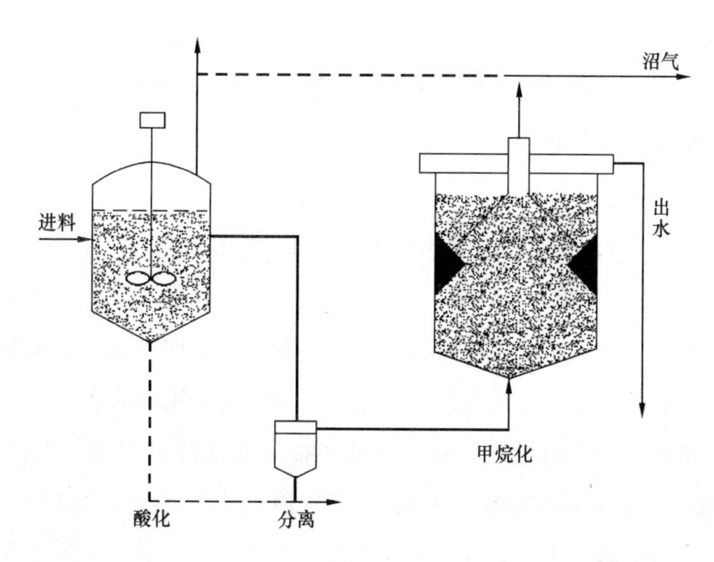

图 4-10 两阶段厌氧消化工艺流程图

由于水解酸化菌繁殖较快，所以酸化发酵器体积较小，通常靠强烈的产酸作用将发酵液 pH 值降低到 5.5 以下，这样在该发酵器内足以抑制产甲烷菌的活动。产甲烷菌繁殖速度慢，常成为厌氧消化器的限速步骤，因而产甲烷消化器体积较大，因其进料是酸化和分离后的有机酸溶液，悬浮固体含量很低，故采用

UASB。两阶段发酵实质为两个发酵器串联的两级厌氧消化，它适用于固体物含量高且产酸较多的污水处理。

2. 干发酵

干发酵是指以固体有机物为原料，在无流动水的条件下进行的成批投料沼气发酵工艺。干发酵原料的干物质含量在20%左右较为适宜，水分含量占80%，干物质含量超过30%则产气量明显下降。由于干发酵时水分太少，同时底物浓度又很高，在发酵开始阶段有机酸大量积累，又得不到稀释，因而常导致pH值严重下降，使发酵原料酸化，导致沼气发酵失败，为了防止酸化现象产生，常用的方法有加大接种物用量，使酸化和甲烷化速度能尽快达到平衡，一般接种物用量为原料量的1/3～1/2；或先将原料进行堆沤，使易于分解的有机物在好氧条件下分解掉大部分，同时降低了C/N值；也可以在原料中加入1%～2%的石灰水，以中和所产生的有机酸。堆沤会造成原料的浪费，在生产上应首先采用加大接种量的办法。

上述各种沼气发酵工艺，各适用于一定原料和一定发酵条件及管理水平，同时还要考虑沼气发酵操作人员技术素质和投资、运行费用的多少等各项因素，来最后确定所要选择的发酵工艺类型。

4.3　大中型沼气工程的设备

大中型沼气工程是处理高浓度有机废水、废物、治理环境污染和生态农业建设必不可少的工程设施，也是农村燃气建设、进行集中供气的必由之路。为保证能安全、可靠地生产及向用户供应沼气的工程设施通常包括原料入口处理设备（如固定格栅、水力筛网和格栅过滤机）、燃气流量计、固液分离设备、沼气净化和储存设备、调压器、压力表等，此外为保证沼气工程安全工作还应设置相应的阀门、污泥泵等。

4.3.1　固定格栅、水力筛网和格栅过滤机

1. 固定格栅

在小型畜禽场沼气与废水处理系统中可采用固定格栅，在粪水沟进入集粪池

之前安装固定格栅，栅条间距一般为15～30mm，用于粪水在进入集粪池和水泵前拦截较大的杂物。格栅一般可采用不锈钢材料，且制成可移动式以便于清洗。

2. 水力筛网

筛滤是以机械处理为主常用的固液分离方法，属于物理分离方法，是根据发酵物料的粒径分布情况进行固液分离的方法。大于筛网孔径的固体物留在筛网表面，而液体和小于筛网孔径的固体则通过筛网流出。物料中固体物的去除率取决于筛孔大小，筛孔越大则去除率越低，但这种筛网不容易堵塞，清洗次数少；反之，筛孔小则去除率高，但易堵塞，清洗次数多。目前最常用的是全不锈钢楔形固定筛，在适当的筛距下固体物去除率高、不易堵塞、结构简单且运行稳定可靠，因此成为畜禽养殖场污水处理沼气工程中首选的固液分离设备。

在养猪场废水处理沼气工程项目中，全不锈钢楔形的固定式水力筛较适用于处理猪粪水，但其长度比通常使用的水力筛需增加，即增加猪粪水在格栅上的过流时间以保证充分的分离。水力栅网的规格和性能见表4-4。

水力栅网的规格和性能 **表4-4**

型号	筛出物直径/mm	有效过滤面积/m^2	处理能力/（m^3/h）	外形尺寸/mm	备注
SW-1200	0.3～0.5	3.2	30～100	1220×1982×2810	全不锈钢
SW-2400	0.3～0.5	6.4	60～200	2420×1982×2810	全不锈钢

全不锈钢楔形固定水力筛的安装角度为60°，在万头猪规模的养殖场沼气工程中可使用一台SW-1200型水力筛，在万头规模猪场中可按照需要并联配置。

3. 格栅过滤机

本设备与水力筛网相似，同属固定平面式水力筛网，其规格和性能见表4-5。

格栅过滤机的规格和性能 **表4-5**

型号	筛出物直径/mm	有效过滤面积/m^2	处理能力/（m^3/h）	外形尺寸/mm	备注
GG-1800	0.3	2.96	40480	1750×1890×1950	全不锈钢

使用格栅和筛网的共同缺点是容易堵塞，在每次使用完成后均需要进行清洗，以保证筛孔的通畅。

4.3.2 沼气流量计

为了准确计量沼气站每日的产气量，应在向用户供气前的管路上安装流量计量仪表。对所选用的仪表要求其具有准确度高、流程比宽、压力损失小、可靠性高、重复性好等特点。燃气流量计是一种专门用于测量燃气体积流量或质量流量的仪表。正确使用燃气流量计，保证仪表流量量值的准确和统一，对于节约能源，提高经济效益有着重要作用。

在沼气工程中，本着经济、合理、实用原则可选择适合于沼气流量计量的燃气仪表，同时考虑安装要求、环境条件等因素确保燃气计量仪表在沼气工程中的正常使用。

按流量计的构造和工作原理可以分为膜式流量计、罗茨表（或称腰轮流量计）、涡轮式（或叶轮式）流量计、涡街流量计等几种类型。

1. 膜式流量计

由于结构不同而有很多形式，但其计量原理基本相同。它是使燃气进入容积恒定的计量室，待充满后予以排出，通过一定的特殊结构，将充气、排气的循环次数转换成容积单位（m^3），传递到表的外部计数指示面板上，直接读出燃气所通过的量。图 4-11 为常用的膜式流量计结构形状。往复运动皮膜式结构由外壳，机芯，计数器三部分组成，如图 4-11 所示。

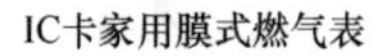

家用膜式燃气表

图 4-11　两种类型的膜式流量计

2. 罗茨表

罗茨表是属于容积式流量计，由两个 8 字形的转子（或称腰轮）组成，如图 4-12 (*b*)所示，当被测液体流经计量腔时，流量计的进出门端形成一个差压，在此压力推动下，使腰轮旋转，同时通过固定在腰轮轴上的一对驱动齿轮，使两个腰轮交换驱动旋转，由于计量腔的容积是一个固定值，所以被测液体的流量与腰轮数成正比，并通过一定的传动比的变速机构传给计数器，计数器的累计值即是被测液体在某段时间内的体积流量。腰轮流量计的类型如图 4-12 (*a*)、(*c*) 所示。

(a)

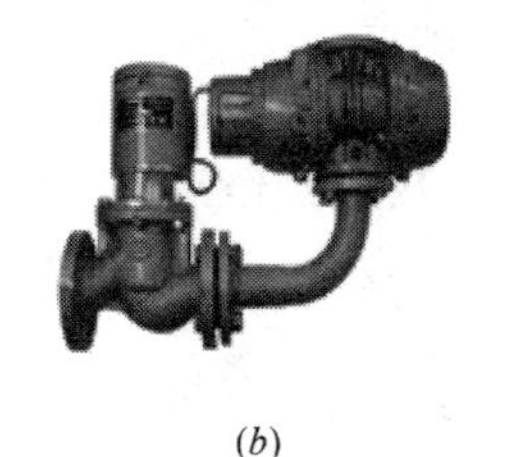
(b)

(c)

图 4-12　流量计构造及类型

(a) IRM 系列腰轮流量计内部构造；(b) IC 卡罗茨气体流量计；(c) LL 系列腰轮流量计

3. 涡轮式流量计

涡轮式流量计是在壳体内放置一轴流式叶轮，当气体流过时，驱动叶轮旋转，其转速与流量成正比，叶轮转动通过机械传动机构传送到计数器上，计数器把叶轮转速累计成 m^3 容积直接显示，如配置脉冲变送器可实现远距离传送。IC 卡式涡轮气体流量计的一种形式如图 4-13 所示。

4. 涡街流量计

涡街流量计是利用流体绕流一柱状物时，产生卡门涡街这一振动现象而制成的一种流量计。该流量计由装在管道内的检测器（检测元件）、检测放大器及流量显示仪组成，其基本结构示意图如图 4-14 所示。由大连流量仪表有限公司生产的涡街流量计如图 4-15 所示。

图 4-13　IC 卡式涡轮气体流量计

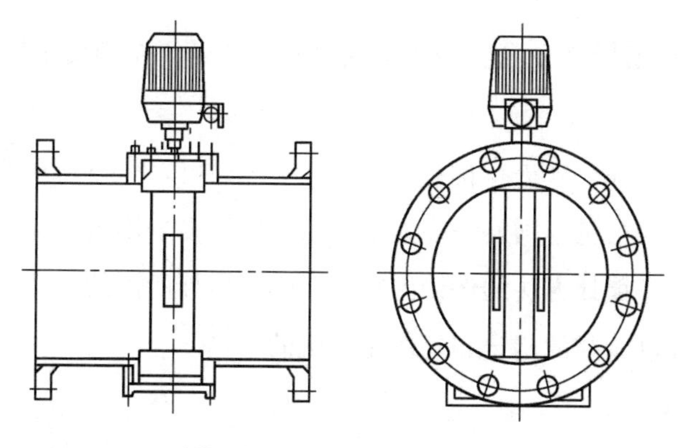
图 4-14　涡街流量计结构图

4.3.3　厌氧消化器的搅拌装置

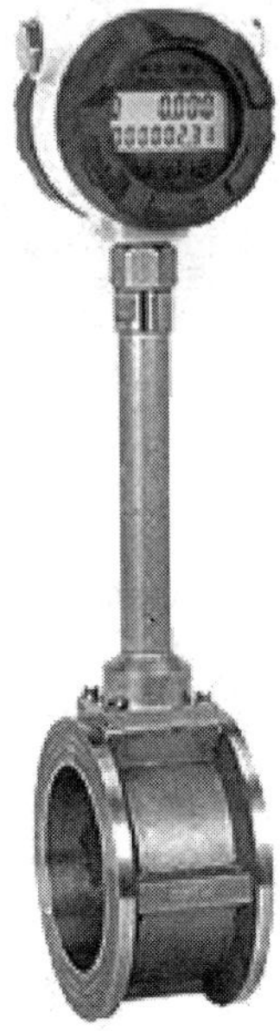

在生物反应器中，生物化学反应是依靠微生物的代谢活动进行的，这就要求微生物不断接触新的食料。在分批投料发酵时，搅拌是使微生物与食物接触的有效手段；而在连续投料系统中，特别是对于高浓度且产气量大的原料，在运行过程中由于进料和产气时气泡的形成和上升就造成了搅拌效果，构成食料与微生物接触的主要动力。

适当搅拌可促进反应，频繁搅拌则容易产生沉淀和料液分层等问题，反而对反应不利。

消化器的搅拌一般有水泵循环搅拌、机械搅拌、生物能搅拌、沼气搅拌等四种方式。

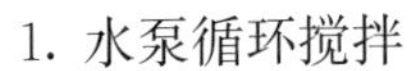

图 4-15　涡街流量计

1. 水泵循环搅拌

为了使消化液完全混合需要较大的流量，根据经验，$1m^3$ 的有效池体积搅拌所需的功率为 0.005kW，此时采用水泵循环搅拌方式，在一些消化器内有时还设有射流器，由水泵压送的混合液经射流器喷射，在喉管处形成真空，吸进一部分沼气池中的消化液，产生较为强烈的搅拌。

2. 机械搅拌

在沼气池内设有螺旋桨等设施进行搅拌，所需功率为 $0.0065kW/m^3$。螺旋桨搅拌设备的设计包括确定竖向导流管尺寸、螺旋桨直径、转速、配套电机的功率等。

当螺旋桨直径计算值超过 1m 时，可考虑设置若干个螺旋桨。

3. 沼气搅拌

利用压缩机循环沼气进行搅拌，所需的功率为 $0.005 \sim 0.008kW/m^3$。此搅拌方式可提高沼气产量，国外一些大型污水处理厂多采用这种搅拌方式。

采用沼气循环搅拌方法的设计内容包括确定搅拌所需的循环沼气量、沼气管道系统的布置及其管径的确定和气体压缩机的选择。

4. 生物能搅拌

沼气池产气后，位于集气罩下部的发酵原料所产生的沼气，汇集于集气罩内，当沼气汇集到一定数量，罩内气压大于发酵池内气压，或者使用沼气使发酵池内气压降低时，集气罩内具有一定压力和能量的沼气定向、集中从导流槽释放，形成旋转气流，冲击池内上层料液，引动底层料液，从而使发酵池内的料液得到均匀搅拌。

采用生物能搅拌装置的厌氧发酵设备，利用生物能搅拌装置和挡板，既能使发酵液均匀搅拌，又增加了厌氧菌群的密度，克服了现有设备存在的易腐蚀、密封性差、搅拌不均匀、维修困难、带出厌氧菌群多、易堵塞、辅助设备多等缺点，且设备简单、不外加动力、运行稳定、搅拌连续，提高了发酵速度。

4.3.4 固液分离机

大中型沼气工程，无论是处理酒精废醪还是畜禽粪水，常要对其污水进行固液分离。固液分离设备种类繁多，目前工程上主要采用的设备有离心分离机和挤压螺旋分离机两种类型。

1. 离心分离机

离心分离的原理实际上就是重力沉降。悬浮于废水中的固体粒子比水的密度微高，在重力的作用下经过一段时间后会沉降于底部。当固体密度增大时，这些颗粒沉降更快。在加速度作用下，沉降效果更加明显。因此，当混合悬液旋转时，即使仅有些微密度差异的颗粒也会比较容易被分离出来。离心分离机就是通过提高加速度来达到良好分离效果的固液分离设备，工程中一般采用卧式离心分离机，用于禽畜场粪水的固液分离，当猪粪水中的含固率为8%时，TS的去除率可达到61%。一种卧式离心分离机的结构示意图如图4-16所示。

卧式离心分离机主要用于分离格栅和筛网等难以分离的、细小的及密度小且又与污水中悬浮物密度极其相近的SS成分。为此，卧式离心分离机的转速常达到每分钟几千转，因而需要足够动力和耐高速的机械强度。卧式离心分离机动力消耗极大，运行费用高，而且还存在着专业维修保养的难题。

2. 挤压式螺旋分离机

挤压式螺旋分离机是一种较为新型的固液分离设备，其结构见图4-17。粪水固液混合物从进料口被泵入挤压式螺旋分离机内，安装在筛网中的挤压螺旋以30r/min的转速将要脱水的原粪水向前推进，其中的干物质通过与在机口形成的

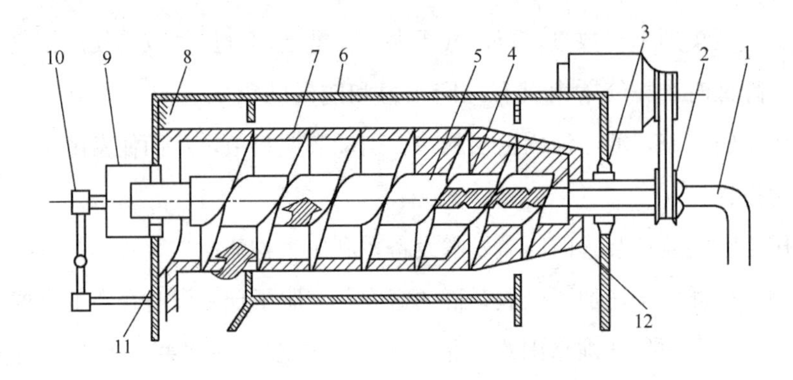

图 4-16　卧式离心分离机结构示意图

1—进料管；2—三角皮带轮；3—右轴承；4—螺旋输送器；5—进料孔；6—机壳；7—转鼓；8—左轴承；9—行星差速器；10—过载保护装置；11—溢流孔；12—排渣孔

固态物质圆柱体相挤压而被分离出来，液体则通过筛网筛出。经处理后的固态物含水量可降到 65%以下，再经发酵处理，掺入不同比例的氮、磷、钾，可制成高效广谱的复合有机肥，是蔬菜园区的专用肥料。

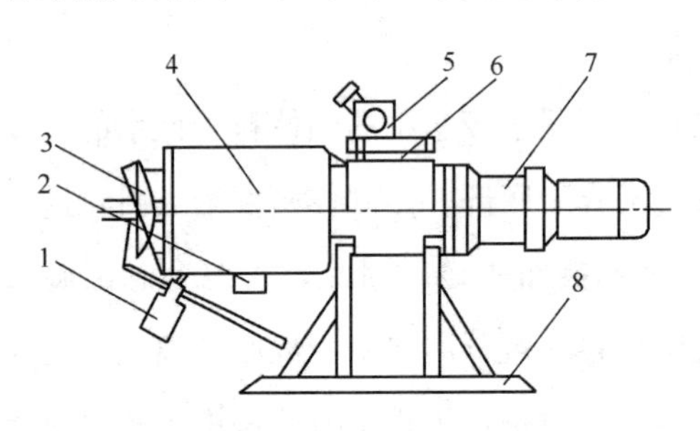

图 4-17　LJG-1 型挤压式螺旋固液分离机示意图

1—配重块；2—出水口；3—卸料装置；4—机体；5—振动电机；6—进料口；7—传动电机及减速器；8—支架

挤压式螺旋分离机的优点是效率高，分离出的干物质含水量较低，结构简单，维修保养简便，其缺点是在分离以前需要将原粪水用搅拌器搅拌均匀，从而使粪水中大量的固态有机物溶解在水中，这使得废水的后处理变得异常困难，最终出水达不到排放标准。因此挤压式螺旋分离机仅适用于生产沼气而对最终废水排放没有要求的场合。

4.3.5　沼气的净化和储存设备

大中型沼气工程产生的沼气量较大，同时携带的水蒸气量较多，含硫率也较高，为保证用户用气安全、输配系统的顺畅及减少环境污染，沼气在使用前必须经过净化，使沼气的质量达到标准要求。另外，居民用气量具有间歇性的特点，而设备产气是连续性的，为调节产气和用气的这种时间差别，大中型沼气工程产生的沼气通常采用贮气柜或高压罐等设备加以储存。

1. 沼气的净化设备

沼气的净化内容一般包括沼气的脱水、脱硫及二氧化碳，所采用的装置为脱水设备和脱硫设备。

（1）沼气脱水设备

沼气脱水通常采用脱水装置去除。根据脱水目的不同，可采用两种脱水装置将沼气中的水分去除。一种是为了满足氧化铁脱硫剂对湿度的要求，对高、中温的沼气温度应进行适当降温，通常采用利用重力原理制成的沼气气水分离器将沼气中的部分水蒸气脱除，其装置结构示意图见图 4-18。为了使沼气的气液两相达到工艺指标的分离要求，常在分离器内安装水平或竖直滤网，当沼气以一定的压力从装置上部以切线方式进入后，沼气在离心力的作用下进行旋转，依次经过水平及竖直滤网，促使沼气与水蒸气分离，水蒸气凝结后的水滴则沿内壁向下流动，积存于装置底部并定期排除。另一种是在输送沼气管路的最低点设置凝水分离器，其装置结构示意图见图 4-19，作用是将管路中的冷凝水排除。这种凝水分离器按排水方式，可分为手动排水和自动排水两种类型。

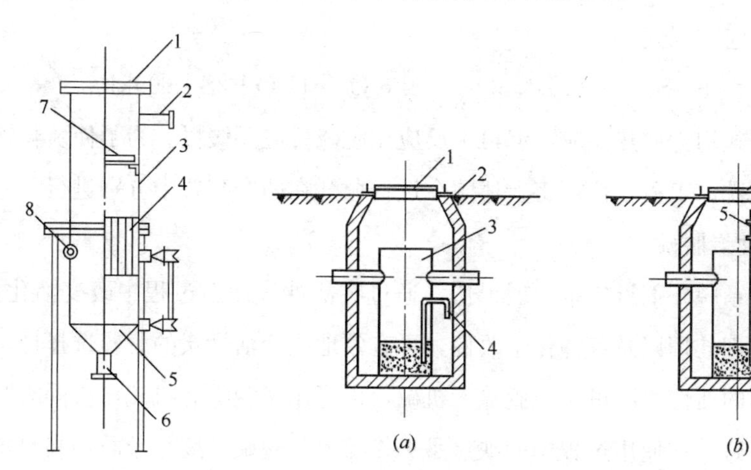

图 4-18 气水分离器

1—堵板；2—出气管；3—筒体；4—竖直滤网；5—封头；6—排气管；7—水平滤网；8—进气管

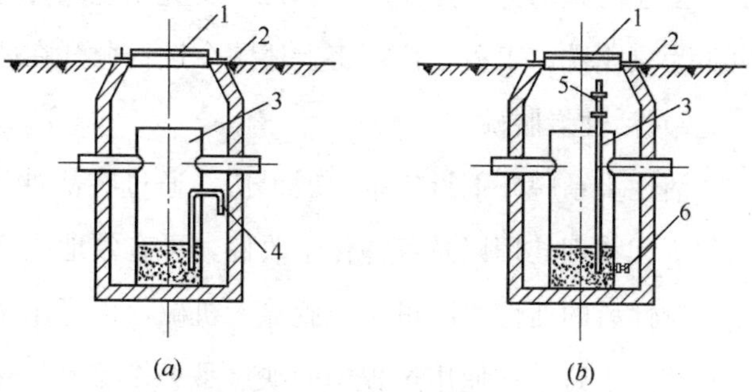

图 4-19 凝水分离器

（a）自动排水；（b）手动排水

1—井盖；2—集水井；3—凝水器；4—自动排水管；5—排水管；6—排水阀

（2）沼气脱硫设备

沼气中硫化氢的浓度受发酵原料或发酵工艺的影响很大，原料不同沼气中硫化氢含量变化也很大，一般在 0.8～14.5g/m^3 之间，其中以糖蜜废水及成粪发酵后的硫化氢含量最高。

沼气中的二氧化碳含量一般约在 35～40%之间，由于二氧化碳为酸性气体，它的存在对脱硫带来不利影响。

沼气工程的规模较小，产气压力较低，不宜采用湿法脱硫，在大中型沼气工程中多采用以氧化铁或活性炭系为脱硫剂的干法脱硫，近年来有些工程开始试用生物脱硫。

1）氧化铁脱硫

在常温下，沼气通过脱硫剂床层，沼气中的硫化氢与活性氧化铁接触，生成三硫化二铁，然后含有硫化物的脱硫剂与空气中的氧接触，当有水存在时，铁的硫化物又转化为氧化铁和单质硫，完成氧化铁的再生过程。这种脱硫再生过程可循环进行多次，直至氧化铁脱硫剂表面的大部分孔隙被硫或其他杂质覆盖而失去活性为止。脱硫反应方程式为：

$$Fe_2O_3 \cdot H_2O + 2H_2S \longrightarrow Fe_2S_3 \cdot H_2O + 3H_2O + 63kJ \tag{4-1}$$

再生反应方程式为：

$$Fe_2S_3 \cdot H_2O + 1.5O_2 \longrightarrow Fe_2O_3 \cdot H_2O + 2S + 609kJ \tag{4-2}$$

上述两式均为放热反应，但再生反应比脱硫反应要缓慢。为了使硫化铁充分再生为氧化铁，工程上往往将上述两个过程分开在两个装置中分别进行。

2）活性炭脱硫

活性炭系脱硫剂近年来发展很快，通过在活性炭制造过程中改变活化温度、活化剂和物理处理以及各种化学改性，可有效地改变活性炭的脱硫选择性。其特点是改性后的活性炭既可用于脱除无机硫，也可用于脱除有机硫，或同时脱除有机硫和无机硫。在使用过程中的缺点是工作硫容与脱硫精度相矛盾，当要求出口硫含量降低时其穿透时间变短，硫容降低，价格一般也较高，故一般用于精脱硫把关用。另外，在用活性炭脱无机硫时，碱性条件和有氧存在才能发挥最佳脱硫效果。不过，近年来由于其脱硫精度逐步提高，已成为国内外目前开发研究的重点研究方向。

活性炭的再生一般采用过热蒸汽再生法。根据活性炭脱硫的机理，活性炭脱硫后吸附的是单质硫，所以再生操作时，根据单质硫的理化特性和活性炭的吸附与解析原理，向活性炭层通无氧高温气流（过热蒸汽）使活性炭与吸附其中的单质硫同时得到加热，当温度升高到325℃以上时，硫被熔化成液态或气态而从活性炭孔隙中被解析出来，随过热蒸汽带出活性炭床外，被送入水冷却槽，硫被冷却成固体而沉于槽底，未被冷凝的气体自烟囱排放。活性炭得以再生继续使用，硫被回收。再生用过热蒸汽在600℃范围内，温度越高越好，再生时间、费用、效率等都与温度有直接关系。

3）生物脱硫

生物脱硫是利用无色硫细菌，如氧化硫硫杆菌、氧化亚铁硫杆菌等，在微氧条件下将 H_2S 氧化成单质硫。这种脱硫方法已在德国沼气脱硫中广泛应用，在国内某些工程中已有采用，其优点是：不需要催化剂、不需处理化学污泥，产生很少生物污泥，耗能低，可回收单质硫，去除效率高。这种脱硫技术的关键是如何根据 H_2S 的浓度来控制反应中供给的溶解氧浓度。

2. 沼气的储存设备

沼气的储存通常用贮气柜或高压罐，大中型沼气工程一般采用低压湿式贮气柜，少数用干式贮气柜或橡胶贮气袋来储存沼气。贮气柜的大小一般根据产气量、用气特点和用气曲线来确定，以便稳定供应沼气。

(1) 低压湿式贮气柜

低压湿式贮气柜属可变容积金属柜，它主要由水槽、钟罩、塔节以及升降导向装置所组成。当沼气输入气柜内储存时，放在水槽内的钟罩和塔节依次（按直径由小到大）升高；当沼气从气柜内导出时，塔节和钟罩又依次（按直径由大到小）降落到水槽中。钟罩和塔节、内侧塔节与外侧塔节之间，利用水封将柜内沼气与大气隔绝。因此，随塔节升降，沼气的储存容积和压力是变化着的。

(2) 低压干式贮气柜

低压干式贮气柜是由圆柱形外筒、沿外筒内面上下活动的活塞和密封装置以及底板、立柱、顶板组成。与湿式贮气柜不同，干式贮气柜的最大问题是对气体的密封性，即如何防止在固定的外筒与上下活动的活塞之间滑动部分间隙的漏气，目前常采用稀油密封和柔膜密封两种密封方法来保证气柜的气密性。

1）稀油密封

对滑动部分的间隙充满液体进行密封，同时从上部补给通过间隙流下的液体量。早期采用煤焦油作为密封液，目前采用润滑油系统的矿物油作为密封液，密封液可循环使用。该密封方法属于20世纪80年代技术，但目前在储存大容量的燃气上仍在使用。

2）柔膜密封

在外筒下端与活塞边缘之间贴有可挠性的特殊合成树脂膜，膜随活塞上下滑动而卷起或放下而达到密封的目的。

（3）高压干式贮气系统

高压干式贮气系统主要由缓冲罐、压缩机、高压干式贮气柜、调压箱等设备组成。发酵装置产生的沼气经过净化后，先储存在缓冲罐内，当缓冲罐内沼气达到一定量后，压缩机启动，将沼气打入高压贮气柜中，贮气柜内的沼气经过调压箱调压后，进入输配管网，向居民供气。系统中缓冲罐类似于小的湿式贮气柜，起到将产生的沼气暂时储存，以解决压缩机流量与发酵装置产生沼气量不匹配的问题，其容积根据发酵装置产气量而定，一般情况下可以20～30min升降一次为宜。压缩机应采用防爆电源，以保证系统的安全运行，压缩机的流量应大于发酵装置产气量的最大值，但不宜超过太多，以免造成浪费，在北方应建压缩机房，以确保压缩机在寒冷条件下能够正常工作。高压干式贮气柜应选择有相关资质厂家生产的产品，并在当地安检进行备案，高压气柜内的压力一般为0.8MPa。

高压干式贮气系统具有工艺复杂、施工要求高、需要运行维护等缺点，但与湿式低压贮气柜比较，其优点是：由于采用高压贮气，出气压力可通过调压箱调节，可实现远距离输气，扩大了沼气供应范围；减少占地面积；可以为中压输送沼气创造条件，可降低管网的建造成本，当输送距离较远时，优势更为明显；在北方冬季无需进行保温。

4.3.6　调压器

在高压供气系统中，调压器是用于调节沼气供应压力的降压设备。在设计所规定的范围内，当入口压力或负荷发生变化时能自动调节出口压力，使其稳定在规定的压力范围内。

调压器的调压动作必须灵敏可靠，且不发生振动，选用时应根据沼气的需要情况、入口和出口压力的大小、使用条件等来选定适宜的类型和规格。一般来说，当流量变化小时，宜选用构造简单的调压器，流量变化较大时，宜选用指示式或动力指示式调压器。

其他常用设备及附件如阀门、污泥泵及压力表等在日常生活中能经常见到或在文中其他章节已有阐述，故此处得以省略。

4.4 我国大中型沼气工程技术现状及相关法规、标准

4.4.1 大中型沼气工程技术现状

我国的大中型沼气工程工艺技术已日趋成熟，配套设备接近国际水平。在沼气工程的成套技术方面，可根据猪粪、鸡粪、牛粪等原料的差异，进行包括预处理、厌氧、沼气输配、制肥、消化液后处理的全部设计；在发酵工艺方面，已开展了生物厌氧发酵机理研究、不同粪便高效能发酵工艺（如 UASB、USR、斜流隧道式厌氧滤床）的制定等；在配套设备方面，我国已研制成功了纯燃沼气发电机组，工业化制罐、自动控制、脱硫脱水、固液分离等装置已基本形成系列化产品。除此以外，根据我国的经济实力和具体国情，研制出两套以 USR 消化器和塞流式消化器为主的“能源生态型”和以高效厌氧消化器（UASB、EGSB）与好氧处理（SBR、MBR、水生植物塘）相结合为主的“能源环保型”的典型废水处理工艺。

4.4.2 大中型沼气工程的相关法令、法规及标准

与沼气工程及大中型沼气工程有关且已公布的相关法律、法规、国家和地方标准等条例主要包括：

中华人民共和国可再生能源法：由中华人民共和国第十届全国人民代表大会常务委员会第十四次会议于 2005 年 2 月 28 日通过，自 2006 年 1 月 1 日起施行。

中华人民共和国固体废物污染环境防治法：由中华人民共和国第十届全国人民代表大会常务委员会第十三次会议于2004年12月29日修订通过，现将修订后的《中华人民共和国固体废物污染环境防治法》公布，自2005年4月1日起施行。

NY/T 667—2011 沼气工程规模分类

NY/T 1220.1—2006　沼气工程技术规范 第1部分：工艺设计

NY/T 1220.2—2006　沼气工程技术规范 第2部分：供气设计

NY/T 1220.3—2006　沼气工程技术规范 第3部分：施工及验收

NY/T 1220.4—2006　沼气工程技术规范 第4部分：运行管理

NY/T 1220.5—2006　沼气工程技术规范 第5部分：质量评价

NY/T 1221—2006　规模化畜禽养殖场沼气工程运行、维护及其安全技术规程

NY/T 1222—2006　规模化畜禽养殖场沼气工程设计规范

NY/T 1223—2006　沼气发电机组

HJ/T 81—2001　畜禽养殖业污染防治技术规范

GB 18596—2001　畜禽养殖业污染物排放标准

DB 21/T 1387—2005　沼气、沼液、沼渣利用技术操作规程

GB 3095—1996　环境空气质量标准

GB 3838—2002　地表水环境质量标准

GB 5084—2005　农田灌溉水质标准

GB/T 18920—2002　城市杂用水水质标准

CJ 343—2010　污水排入城市下水道水质标准

GB 4284—1984　农用污泥中污染物控制标准

GB 8978—1996　污水综合排放标准

GB 7959—2012　粪便无害化卫生要求

其他国家有关农业和农村经济发展的方针政策、行业标准、规定和规范等。

处于征求意见稿的规范有：

HJ □□□—20□□升流式厌氧污泥床污水处理工程技术规范（征求意见稿），中华人民共和国国家环境保护标准，环境保护部发布

HJ □□□—201□厌氧颗粒污泥膨胀床（EGSB）反应器污水处理工程技术规范（征求意见稿），中华人民共和国国家环境保护标准，环境保护部发布

沼气产品综合应用技术与能源生态农业模式 5

农村户用沼气池生产的沼气主要用来做生活燃料。修建一个容积为 $10m^3$ 的沼气池，每天相当于投入 4 头猪的粪便发酵原料，它所产的沼气就能解决一家 3～5 口人的炊事、照明等方面的燃料问题。沼气还可以用于农业生产中，如温室保温、烘烤农产品、储备粮食、水果保鲜等。沼气也可被用来发电作为农机的动力，大、中型沼气工程生产的沼气可用来发电、烧锅炉、加工食品、供暖或供给城市居民使用等。

5.1 沼气的综合利用

沼气作为优质气体燃料，除广泛用于炊事、照明外，还可广泛用于发电、孵鸡、育蚕、烘干、粮果贮藏、二氧化碳施肥等生产领域。

沼气炊事：农村家用沼气池所产生的沼气主要用于烧水、煮饭，为牲畜煮食等。

沼气照明：沼气灯是把沼气的化学能转变为光能的一种燃烧装置。特别是在偏僻、边远无电力供应的地区，用沼气进行照明，其优越性尤为显著。

5.1.1 沼气气调技术

气调保鲜开始于 20 世纪 50 年代，它根据不同果蔬的生理特点，由专业部门提供的相应指标（即气调工艺参数），通过专用的测试和控制设备，调控储藏环境中的氧气，二氧化碳含量，温度及湿度，达到降低果蔬呼吸强度，延缓养分的分解过程，使其保持原有的形态、色泽、风味、质地和营养的功效，即利用控制气体比例的方式来达到储藏保鲜的目的。

沼气气调技术是将沼气作为一种环境气体调制剂，在密闭条件下利用沼气中甲烷和二氧化碳含量高、含氧量极少、甲烷无毒的性质和特点来调节储藏环境中的气体成分，造成一种高二氧化碳低氧气的状态，以控制果蔬、粮食的呼吸强度，减少储藏过程中的基质消耗，防治虫、霉、病、菌，达到延长储藏时间并保持良好品质的目的。生产中用于果品、蔬菜的保鲜贮藏和粮食、种子的灭虫贮藏，是一项简便易行，投资少，经济效益显著的实用技术。

1. 沼气气调贮藏水果

沼气储存是调整果品存储环境和气体成分比例的一种低温存储方法。原理是利用沼气中的甲烷和二氧化碳含量高，氧气含量低的特点，使果实的呼吸、蒸发作用降到最低程度，而又不至于因窒息发生生理病害，达到保鲜的目的，从而使存储期延长 2 个月左右，并能降低存储果子的坏果率。

在水果生产地区，果农修建沼气池并利用沼气气调贮藏水果时可参考以下方法：

（1）利用沼气气调贮藏的场所应设在避风、清洁，温度相对稳定，昼夜温差变化小的地方。

（2）将挑选好的水果装入塑料筐、纸箱或聚乙烯袋中入室贮藏，在观察窗内安装好温度计和湿度计，管理人员可随时检查温度、湿度的变化情况，贮藏室装满果后要用密封材料把门缝封严。

（3）在贮果的前 10 天，贮藏室每 $1m^3$ 的体积可充入 $0.06m^3$ 沼气，10 天后，可按 $0.14m^3$ 沼气充气。

（4）贮果后的两个月内，每隔 10 天翻果 1 次，同时顺便进行换气，翻果时，要随时挑出腐烂和破损的水果。两个月后每隔半个月翻果 1 次，顺便换气半天，还要定期用 2％的石灰水对贮藏室消毒。

（5）贮藏室温度应保持在 3～10℃，湿度应稳定在 94％左右。如果温度、湿度波动过大，贮藏室内的水分会在水果表面结露，增加腐果率，不利于水果保鲜和贮藏。

2. 沼气气调贮藏粮食

沼气贮粮就是在密封的条件下，减少粮堆中氧气的含量，以控制粮食的呼吸强度，减少贮藏过程中物质消耗，使各种危害粮食的害虫因缺氧而死亡，达到延长贮藏时间并保持良好品质的目的。它具有方法简单、操作方便、投资少、无污染、防治效果好等多种优点，既可为广大农户采用，又可在中、小型粮仓中应用。试验表明，沼气贮粮，米象 96 小时不再复活，锯谷盗、拟谷盗等 72 小时后不再复活，沼气除虫率可达到 98.8%。

（1）农户储粮

农户一般种粮较少，常用坛、罐、桶及水泥池等容器储粮。具体方法是：用木板做一个瓶塞式缸盖，盖上钻两个小孔，孔径大小以能插入沼气进出气输气管为宜。一个孔插入进气管，另一个孔插入排气管。在进、出气管上各安装一个开关。然后将进气管连接在一个放入瓦缸底部的自制的竹质进气扩散器（中间的竹节打通，最下部的节不打通，四周钻有数个小孔的竹管）上，缸内装满粮食后盖上缸盖，并用石蜡密封，在排气管的一端接上压力表和沼气开关、灯或灶。每次用气时沼气就自然通过粮堆。第一次充沼气时应打开排气管上的开关，使缸内空气尽量排出，到能点燃沼气灯为止，然后关闭开关，使缸内充满沼气，5 天左右，即可杀死全部害虫。另一方法是排气管不连炉具，每次通入沼气时，应打开出气管开关，使容器内的空气被沼气排挤出去。通完再关闭出气管阀门。一般每次通入沼气量是储粮容器容积的 1.5 倍。简易检验方法是将沼气输出管接上沼气炉，以输出的气体能点燃沼气炉为止。密封 4 天后，再输入一次沼气。以后每隔 15 天左右通一次沼气。这种储粮方法可串联多个储粮容器。

（2）粮库储粮

粮库贮粮储藏数量较大，由粮仓、沼气进气系统、塑料薄膜封盖组成。杀灭害虫的关键是要有足够的沼气和搞好密封处理。

1）设备及安装：在粮堆底部设置“射线形”、中上部“井”字形进气扩散管，扩散管要达到粮堆边沿，以利沼气扩散。扩散管用内径大于 1.5cm 的塑料管作主管，0.6cm 塑料管作支管，每隔 30cm 钻一个通气孔。“射线形”扩散管与沼气流量计相连；流量计与沼气输气管道及开头连接。粮堆上面覆盖一层 0.1～0.2mm 厚的聚乙烯塑料帐，其顶端设置一根小管作排气通道，并与测氧仪或二氧化碳分析仪连接，以便随时测量粮堆中环境气体的含氧量或二氧化碳含量。

2）输入沼气：检查整个系统无漏气、阻塞后，方可打开沼气输气开关，使沼气进入粮堆。粮堆内的气体在沼气压力的驱排下，从粮仓顶部的排气管排出仓外。通过二氧化碳和氧气测定仪来控制沼气通入量。当粮堆中二氧化碳含量上升到20%以上，氧气含量降到5%以下时，停止充气，密封保持3～5天，即可杀死粮堆内的玉米象、绿豆象等主要粮食害虫。以后每隔半月左右按上述气体浓度输入一次沼气。在无气体成分测定仪的情况下，可在开始阶段连续4天输入沼气，每次输入量为粮堆体积的1.5倍。之后，每隔半月输入一次沼气，输入量仍为粮堆体积的1.5倍。输入沼气时，应打开排气管。

(3) 注意事项

1) 要经常检查整个系统是否漏气、阻塞，粮仓是否密封等。管道内若有冷凝水，应及时排出。

2) 严禁在粮库内和周围吸烟或用煤、打火机等明火照明，以防止引起火灾和发生爆炸事故。

3) 沼气池的产气量要与通气量配套。若沼气池产气量或贮气量不够，不能一次满足所需气量时，可用连续两三天时间输入所需沼气量。同时，向沼气池内多添加一些发酵原料，加强沼气池管理，使沼气池多产气，以保证有足够的沼气。

4) 含水量较高的粮食长期处于缺氧呼吸，会产生较多的酒精，使粮食品质降低。因此，粮食贮存前应尽量晒干，使水分降至13%以下，以保证粮储安全。

综上所述：沼气储粮，简便易行，成本低，无污染，经济效益十分显著。据各地试验，用沼气贮粮，水分减少13.5%，害虫减少100%，发芽率提高4.7%。在粮食收获季节，一般气温较高，沼气池产沼气较多，利于这种方法储粮，适于在广大农村推广应用。

5.1.2　沼气发电

沼气燃烧发电是随着大型沼气池建设和沼气综合利用技术的不断发展而出现的一项沼气利用技术，它是利用工业、农业或城镇生活中的大量有机废弃物（例如酒醪液、禽畜粪、城市垃圾和污水等），经厌氧发酵处理产生的沼气，驱动沼气发电机组发电，并可充分将发电机组的余热用于沼气生产或供热。沼气发电是一项能源综合利用技术，具有节能、安全和环保等特点。

沼气发电热电联产项目的热效率，视发电设备的不同而有较大的区别，如使用燃气内燃机，其热效率为70%～75%之间，而如使用燃气透平和余热锅炉，在补燃的情况下，热效率可以达到90%以上。

沼气发电技术本身提供的是清洁能源，不仅解决了沼气工程中的环境问题、消耗了大量的废弃物、保护了环境、减少了温室气体的排放，而且变废为宝，产生了大量的热能和电能，符合能源循环再利用的环保理念，同时也带来巨大的经济效益。

沼气发电在发达国家已受到广泛重视和积极推广，生物质能发电并网在西欧一些国家占能源总量的10%左右。

我国沼气发电有30多年的历史，在“十五”期间研制出20～600kW纯燃沼气发电机组系列产品，气耗率0.6～0.8m^3/kW·h。但国内沼气发电研究和应用市场都还处于不完善阶段，特别是适用于我国广大农村地区小型沼气发电技术研究更少，我国农村偏远地区还有许多地方严重缺电，如牧区、海岛、偏僻山区等高压输电较为困难，而这些地区却有着丰富的生物质原料。如能因地制宜地发展小沼气电站，则可取长补短就地供电。

5.1.3 沼气在其他方面的一些应用

温室大棚蔬菜二氧化碳施肥技术：大气中的二氧化碳浓度通常在0.03%左右。作物进行光合作用合成有机物时，二氧化碳是主要碳源，因此增加大棚内二氧化碳浓度可加速蔬菜的生产。沼气灯能为温室蔬菜进行二氧化碳施肥，并增加了光照，沼气中一般含有25%～35%的二氧化碳和50%～70%的甲烷。甲烷燃烧时又可产生大量的二氧化碳，同时释放出大量热能。一般来讲，燃烧1m^3沼气可产生0.975m^3二氧化碳。根据光合作用原理，在种植蔬菜的塑料大棚内点燃一定时间、一定数量的沼气，棚内二氧化碳浓度和温度明显增高，延长了作物生长期，能有效地促进蔬菜增产。施用二氧化碳的蔬菜能够增强光合作用，叶绿素含量增加，叶色深绿有光泽，开花早，雌花多，花果脱落少，而且嫩枝叶上冲有力，植株生长健壮，抗病性增强，有效促进作物生长发育。

大多数蔬菜的光合作用强度在上午9点左右最强，因此增加二氧化碳浓度最好在上午8点前进行。

选用燃烧较完全的沼气灯作为施气工具，在春、夏两季的每天早晨6点钟，在保护地点燃沼气灯，到8点钟左右停止施放，然后关闭大棚1.5～2个小时，待棚温升至30℃时即开棚放风。一架30m长的大棚，点燃沼气灯6只，1小时后，棚内二氧化碳浓度达1200μg/g。在早春季节还可提高棚温2～4℃，叶片光合强度增加5%～18%。应用沼气增施二氧化碳，可使黄瓜、西红柿、甜椒平均分别增产49.8%、21.5%、36%，并且能够延长生长期。

沼气升温育秧：温室育秧是解决水稻提早栽插，促进水稻早熟高产的一项技术措施。目前，多数温室都是用煤炭或薪柴作升温燃料，因此，每年育秧要耗费大量的煤炭或薪柴，育秧成本较高。利用沼气作为育秧温室的升温燃料，培育水稻秧苗是沼气综合利用的一项新技术，设备简单、操作方便、成本低廉、易于控温、不烂种、发芽快、出苗整齐，成秧率高，易于推广。

沼气供热孵鸡：沼气孵鸡是以燃烧沼气作为热源的一种孵化方法。它具有投资少、节约能源、减轻劳动、管理方便、出雏率和健雏率高等优点。

沼气灯照明升温育雏鸡：初生雏鸡调节机能、觅食能力和对自然环境的适应能力较差。因此，要饲养好雏鸡，首先必须要有一个比较适宜的温度条件，以利于雏鸡生长发育。沼气灯具有亮度大、升温效果好、调控简单、成本低廉等优点。用沼气灯照明升温育雏鸡，能使雏鸡生长发育良好，成活率高。

沼气灯照明提高母鸡产蛋率：生产实践表明，利用沼气灯对产蛋母鸡进行人工光照，并合理地控制光照时间和光照强度，能使母鸡新陈代谢旺盛，促进母鸡卵细胞的发育、成熟加快，达到多产蛋的目的。

沼气增温养蚕：在春蚕和秋蚕饲养过程中，需要提高蚕室温度，以满足家蚕生长发育。传统的方法是以木炭、煤炭作为增温燃料，一张蚕种一般需用煤40～50kg，其缺点是成本高，使用不便，温度不易控制，环境易受到污染。在同等条件下，利用沼气增温方法养蚕比传统饲养方法可提高产茧量和蚕茧等级，增加经济收入。

沼气烘干粮食和农副产品：利用沼气烘干粮食和农副产品，具有设备简单，操作方便，不产生烟尘，费用省、效益高等优点。

5.2　沼渣和沼液的综合利用

沼液和沼渣合称沼气发酵残留物，或称厌氧消化残留物，也称作沼气肥或沼肥。沼肥中含有丰富的营养物质和生物活性物质，可作为优质有机肥向作物提供营养，刺激和调节作物生长，对某些病害和虫害具有防治作用，并能增强作物抗病性。在生产中，沼肥可以作为病虫害防治剂、浸种剂、饲料等，用于养殖、种植、园艺等方面。在种植业中，沼肥可作为肥料和土壤改良剂，沼液可用于防治作物病虫害和浸种。在养殖业中，添加沼肥可以养猪、鱼、蚯蚓、土鳖虫等。在副业的生产中，沼渣和沼液是理想的食用菌栽培料。

5.2.1 沼渣和沼液的特点

据测定，沼液中含有丰富的氮、磷、钾、钠、钙等营养元素。沼渣中除含上述成分外，还含有有机质、腐殖酸等。经有关部门研究分析，沼肥中的全氮含量比堆沤肥提高 40%～60%，全磷比堆沤肥高 40%～50%，全钾比堆沤肥高 80%～90%，作物利用率比堆沤肥提高 10%～20%。此外，沼液和沼渣中还含有微量元素和 17 种氨基酸以及多种微生物和酶类，对促进作物和畜、禽、鱼的新陈代谢，以及防治某些作物病虫害有显著作用。

在农业生产中，沼液及沼渣常用于浸种、叶面施肥、防虫、喂猪等方面。沼液及沼渣综合利用技术在促进农民增收、实现农业无公害生产、建设农村小康社会中正发挥越来越重要的作用。

5.2.2 利用沼渣和沼液改良土壤

作物的生长过程是吸收土壤营养物质的过程，如不采取补偿和培肥措施，土壤肥力就会降低，必然要影响作物产量的进一步提高。沼液沼渣是一种优质农家肥，对改良土壤理化性状及耕作性能有着积极的意义。在如今我国大力发展农村沼气和提倡综合利用沼渣、沼液的大好形势下，利用沼渣和沼液改良土壤将会成为一个有益于农业生产持续发展的技术。

1. 沼渣和沼液改良土壤的效果

（1）改善土壤的理化性状

根据相关实验可知，在实施沼肥的土壤中，其有机质、全氮、全磷含量均有大幅度增加，土壤的孔隙度、土壤容重等物理性质也得到改善，沼渣、沼液和化肥配合施用，效果更为明显。随着沼渣、沼液用量的增加，土壤容重降低，总孔隙度、活土层深度均有所增加，为土地耕作和农作物生长创造了良好的土壤条件。

（2）活化土壤养分

用沼液改良三种不同类型的土壤，土壤中的铜、锌、铁等微量元素都有不同程度的活化。由于沼液、沼渣中含有丰富的有机质、多种微量元素以及适量的碳氮比，不仅可以满足土壤微生物对营养的要求，激活微量元素，为作物的栽种建立了一个良好的土壤环境，还能激活某些土壤酶，增加和增强土壤中蔗糖酶、蛋白酶、纤维素酶、淀粉酶等酶的酶活力。对于豆科作物，这些作用能促使根瘤菌的大量繁殖和共生。

沼渣和沼液施于土壤中，有利于化肥在土壤中溶解、吸附以及刺激作物吸收和转化养分，从而减少氮素的损失，提高化肥的利用率。土壤长期耕作，容易造成土壤酸化问题，长期施用沼渣和沼液，具有防治土壤酸化的作用。实践证明，沼渣和沼液无论对酸性、中性和碱性，还是沙质、泥质土壤，都有改良土壤的效果。

（3）利于土壤团粒结构的形成

土壤中的微团聚体是土壤水稳定性团粒结构的基础，具有调节土壤水、肥、气、热状况而满足作物生长需要的能力。沼渣和沼液中的腐殖酸类物质与土壤微团聚体形成的数量具有直接的关系，当土壤中的胡敏酸钠（腐殖酸的主要成分）为土壤重量的十五万分之一至十万分之一时，便可使土壤的自然团粒总数增加1.5～3.0倍，其中水稳定性团粒可增加8.5％～20.5％。

2. 沼渣和沼液改良土壤的一般方法

（1）用作基肥

作为基肥施用时，可以在每季翻耕之前，每公顷施用沼渣和沼液30000～45000kg，施用太少改良土壤的效果不好，施用太多反而会影响当季作物的增产效果。一般，从第二年开始，作为基肥的沼渣和沼液施用量应逐年减少，但最终不能少于每公顷15000kg。在改良土壤的效果方面，从土壤的结构及其相应的土壤理化指标来看，通常三年后均能见效，而且以后逐年的效果更为明显，时间越长越有利。

（2）用作追肥

在利用沼渣和沼液改良土壤的过程中，第一年，在追肥期可不作任何农田管理的改变，只需要增施沼渣和沼液，合理的追肥量应根据不同的作物来确定。一般地，若追施沼液，对于水稻每公顷追施 37500kg，玉米每公顷追施 22500kg，棉花每公顷追施 30000kg；若追施沼渣，对于水稻每公顷追施 15000kg，玉米每公顷追施 22500kg，棉花每公顷追施 22500kg，甘薯每公顷追施 16875kg。从第二年开始，追施沼渣和沼液的用量可适当增加，相应减少化肥的用量。一般三到五年后，土壤已明显改善，此时施用的肥料可完全以沼渣和沼液为主，少量使用化肥，对某些作物还可完全不用化肥。

（3）注意事项

1）沼气发酵残留物或沼气发酵液，必须取自投料后 30 天以上，并正常产气的沼气池中发酵后的料液。

2）无论是作基肥还是追肥，要注意掌握好施用量，不能随意增施或少施。

3）要达到较好的土壤改良效果，一定要坚持长期使用沼气发酵残留物。开始时，化肥的使用量最好不要减少，以保证正常的生产，随着耕作时间的推移，在不影响农业生产的前提下，再逐步减少化肥的用量，最终达到促进农田高产稳产的目的。

5.2.3 沼渣的综合利用

沼渣是沼气发酵后残留在沼气池底部的半固体物质，含有丰富的有机质、腐殖酸、粗蛋白、氮、磷、钾和多种微量元素等，是一种缓速兼备的优质有机肥和养殖饵料。

1. 沼渣在种植业上的应用

（1）配制营养土和营养钵

营养土和营养钵主要用于蔬菜、花卉和特种作物的育苗，因此，对营养条件要求高，自然土壤往往难以满足，而沼渣营养全面，可以广泛生产，完全满足营养条件要求。用沼渣配制营养土和营养钵，应采用腐熟度好、质地细腻的沼渣，其用量占混合物总量的 20％～30％，再掺入 50％～60％的泥土、5％～10％的锯末、0.1％～0.2％的氮、磷、钾化肥及微量元素、农药等拌匀即可。如果要压制成营养钵等，则配料时要调节黏土、砂土、锯末的比例，使其具有适当的黏结性，以便于压制成形。

（2）沼肥栽培蘑菇技术

1）特点

沼渣已经过厌氧发酵，培育蘑菇时杂菇少；养分丰富而全面，沼肥含有丰富的氮、磷、钾和微量元素；管理方便，节省劳动力。用沼渣代替秸秆等育菇原料，增加了原料来源，降低了栽培费用，一般成本下降36%。沼渣种菇，产量可提高15%，一、二级菇比重大。

2）方法

出沼渣：在种蘑菇进行堆料前20天，将沼气池内的结壳层、沼渣全部捞起，留下清液，出料前5天停止向池内投放新料。摊晒：捞起的沼渣随即摊开，晒干，拍碎。堆料：按每平方米15kg稻草加10kg干沼渣的比例分层堆料发酵（沼渣与麦草的配合比为1∶0.5），再用沼液泼洒到湿润。出菇前每平方米菇床喷20%～40%的沼液0.5～0.75kg，1～2天喷一次，其他操作同常规栽培。

沼渣栽培食用菌适用于栽培蘑菇、平菇以及沼渣瓶栽灵芝等。

（3）沼渣栽培木耳

传统种植木耳用段木栽培，需耗费大量木材，破坏生态平衡。随着我国林业资源的日益紧缺，木耳的生产也受到了限制。采用沼渣和农林作物下脚料栽培木耳，原料来源广泛，生产成本低、周期短，生物效率高，生态效益好，栽培后的脚料破袋后可用于沼气池发酵原料或继续用于种植其他食用菌。

1）栽培季节

木耳菌丝生长最适温度为22～28℃，子实体形成最适温度为20～28℃。春耳最适生长时间为4～6月份，装袋及接菌种时间为1～3月份。秋耳最适生长季节为9～10月份，装袋及接菌种时间为7～8月份。

2）拌料装袋

将稻草（蔗渣或玉米芯）或杂木屑50%、沼渣30%、麦麸15%、蔗糖1%、石灰2%、过磷酸钙2%充分拌匀后，加水55%～60%，装在直径为17cm、长45～50cm的塑料袋内。装袋后要压实并绑紧袋口，否则不利于接种且易感染杂菌。

3）灭菌

一般采用常压灭菌灶灭菌。各地建造的常压灭菌灶形式各不相同，不论采用何种灭菌灶一定要做到所有袋料温度都达到100℃后，再继续灭菌10～12小时。

4）接种

将灭菌好的菌袋搬到事先经过清理消毒的房间内，井字形堆放，一般堆放高度不超过12层。待菌袋冷却后，就可消毒接种。接种前必须三查：一查菌种是否纯白无污染，并将其菌种逐袋进行消毒；二查接种室是否达到要求；三查接种工人是否穿工作服或干净衣服戴口罩，接种时是否讲话。接种后管理重点是保温、避光、通气。一般培养30～40天，待菌丝走透菌袋时，就可进入出耳管理期。

5）出耳管理期

将发菌后的菌袋放在事先搭好的架子上，用刀片将薄膜割开约2～4穴1cm左右的“V”形孔口，然后盖薄膜保湿催蕾。耳基形成前保持空气湿度，避免高温开穴催蕾。当耳基形成开放叶片时，为使木耳充分生长，管理要以保湿为主，一天喷水2～3次，采用高低湿交替方式。收完木耳后要停水2～3天。

2. 沼渣在养殖业上的应用

（1）沼渣养殖蚯蚓

蚯蚓是一种富含高蛋白质和高营养物质的低等环节动物，以摄取土壤中的有机残渣和微生物为生，繁殖力强。据资料介绍，蚯蚓含蛋白质60%以上，富含18种氨基酸，有效氨基酸占58%～62%，是一种良好的畜禽优质蛋白饲料，对人类亦具有食用和药用价值。蚯蚓粪含有较高的腐殖酸，能活化土壤，促进作物增产。用沼渣养殖蚯蚓，方法简单易行，投资少，效益大。尤其是把用沼渣养殖蚯蚓与饲养家禽家畜结合起来，能最大限度地利用有机物质，并净化环境。沼渣养殖蚯蚓用于喂鸡、鸭、猪、牛，不仅节约饲料，而且增重快，产蛋量、产奶量提高。奶牛每天每头喂蚯蚓250g，产奶量提高30%。近年来，为发展动物性高蛋白食品和饲料，国内外采用人工饲养蚯蚓，已取得很大进展。蚯蚓不仅可做畜禽饲料，还可以加工生产蚯蚓制品，用于食品、医药等各个领域。

1）修建蚓床

蚯蚓养殖可分为室内地面养殖和室外养殖床两类。

沼渣养殖蚯蚓一般采用室内地面养殖，要求地面为水泥或坚实的泥土地面、房间通风透气和能遮光黑暗安静，地面四周用砖围成几个方格，每格面积为 1 平方米，并用水泥（或三合土）抹一层，防止蚯蚓逃走。

室外养殖床应选择在朝阳、地势稍高的地面上，床体有效面积一般为宽 1.5m，长 6～10m，床后墙高 1.3m，前墙高 0.3m，床的四周开挖排水沟，以防积水渗到养殖床内，后墙还需留一个排气孔，养殖床的两头留有对称的风洞。冬季可在床面上覆盖双层塑料薄膜，薄膜间的间距为 10～15cm，薄膜上面再加盖草席。夏季可撤掉床面设施，在饵料上铺盖 10～15cm 厚的湿草，以免水分大量蒸发，并搭建简易凉棚遮阳防雨。

2）配制饵料

将正常产气、大换料 3 个月以上的沼气池沼渣捞出，散开晾干，去除过多的水分，让氨气、沼气逸出，饵料中沼渣的配比不超过 70%，烂碎草占 20%，其余的饵料为菜叶、树叶、秸秆等有机物。饵料堆放厚度为 20～25cm，水分含量为 65%左右。

3）蚓床管理

床内堆置饵料后，可投放种蚓，盖上 10～15cm 厚的碎稻草，保持饵料水分含量为 65%左右，通常一个月左右投加一次饵料。冬季室外养殖时，在晴天上午 8～9 点进行换气，将草席揭开，让阳光射入床内，若床内温度超过 22℃，可短时间打开蚓床两头的风洞调节温度。下午三点左右再将草席盖上，大风和阴雨天不要揭开草席和打开风洞，冬天下雪要及时清除床面积雪。

4）防止伤害

严防蚯蚓的天敌伤害，这些天敌有老鼠、蚁、鸟、蛇、螨等。养殖床（或地面）应具备遮光设施，切忌直射强光。要始终保持养殖区安静的环境，不要随意翻动养殖面。要避免农药、工业废气（包括煤气）的污染。

（2）沼渣饲养土鳖虫

土鳖虫是一种药用价值很高的中药材，它的中药名称为土元，学名叫地鳖，具有舒筋活血、去瘀通经、消肿止痛之功能。

将经沼气发酵 45 天以上的沼渣从沼气池水压间（出料间）中取出，自然风干。按 60%的沼渣，10%的烂碎草、树叶等，10%的瓜果皮、菜叶，20%的细砂土混合拌匀后，堆好备用。饲养时，可根据实际条件分别采用洞养或池养。洞养一般是在室内挖一瓮形的地洞，深 1m 左右，口径 0.67m 左右；如果地下湿度大，洞可挖浅一些；洞壁要光滑，洞内铺放 0.33m 厚的沼渣混合料。如果有掉了底的大口瓮，埋到土里做饲养池则更为理想。大量饲养土鳖虫时，采用池养较为合适。饲养池可用砖或土坯砌成 1m 长、0.67m 宽、0.5m 高的长方形池子，池墙壁要密封好，池口罩上纱网，以防止土鳖虫逃走以及被鸡、鸭、猪、猫等偷吃。池底铺上 0.167m 厚的沼渣混合料，混合料要干湿均匀，其湿度可掌握在手能捏成团，一扔就散，这样的湿度较适合土鳖虫的生长。

（3）沼渣饲养黄鳝

沼渣含有较全面的养分和水中浮游生物生长繁殖所需要的营养物质，它既可被鳝鱼直接吞食，又能培养出大量的浮游生物，给鳝鱼提供喜食的饵料。由于沼渣是已经发酵腐熟的有机物质，投入鳝鱼池后不会较多地消耗水中的溶氧量，因此有利于鳝鱼生长。此外，沼渣可以保持池水呈浅绿色或茶褐色，有利于吸收太阳的热能，提高池水的温度，促进鳝鱼的生长。因为沼渣经过了沼气池的厌氧发酵处理，细菌和寄生虫卵绝大部分已经沉降或杀灭，所以，用沼渣喂鳝鱼，能有效地防止鱼病的发生。

（4）沼渣饲养泥鳅

泥鳅是一种高蛋白鱼类，不但味道鲜美，肉质细嫩，而且药用价值很高。日本人誉之为“水中人参”，其营养价值高于鲤鱼、黄鱼、带鱼和虾等。泥鳅还是一味良药，有温中益气的功效，对治疗肝炎、盗汗、痔疮、跌打损伤、阳痿、早泄等病均有一定的疗效，对中老年尤为适宜。它脂肪含量少，含胆固醇更少，且含有一种类似碳戊烯酸的不饱和脂肪酸，是一种抵抗人体血管硬化的重要物质。

5.2.4 沼液的综合利用

沼气发酵不仅是一个生产沼气能源的过程，也是一个造肥的过程。在这个过程中，作物生长所需的氮、磷、钾等营养元素基本上都保持下来，因此沼液是很好的有机肥料。同时，沼液中存留了丰富的氨基酸、β族维生素、各种水解酶、某些植物生长素、对病虫害有抑制作用的物质或因子，因此它还可用来养鱼、喂猪、喂牛、防治作物的某些病虫害，具有广泛的综合利用前景。

沼气发酵原料经过沼气池的厌氧发酵后，含有抑菌和提高植物抗逆性的激素、抗菌素等有益物质，可用于防治植物病虫害和提高植物抗逆性。沼液防治植物的病虫害包括：防治农作物蚜虫；防治果树红蜘蛛；沼液防治大麦黄花叶病；沼液防治西瓜枯萎病；沼液防治小麦赤霉病。此外，沼液对棉花的枯萎病和炭疽病菌、马铃薯枯萎病、小麦根腐病、水稻小球菌核病和纹枯病、玉米的大小斑病菌以及果树根腐病菌也有较强的抑制和灭杀作用。

沼液可有效提高植物的抗逆性，由于沼液中富含多种水溶性养分，用于农作物、果树等植物浸种、叶面喷施和灌根等，吸收率高，收效快，一昼夜内叶片中可吸收施用量的80%以上，能够及时补充植物生长期的养分需要，强健植物机体，增强抵御病虫害和严寒、干旱的能力。在干旱时期，对作物和果树喷施沼液，可引起植物叶片气孔关闭，从而起到抗旱的作用。

1. 沼液在种植业上的应用

(1) 沼液浸种

1) 特点

沼液内含有水溶性氮、磷、钾、微量元素、氨基酸、维生素等营养，浸种时，随水分进入种子内促进秧苗生长。沼液内含有激素类物质，刺激作物生长。沼液具有抑制细菌的作用，抑制病虫害发生。沼液浸种方法简单，不需增加投入。

2) 方法

晒种：浸种前晒种1～2天，以提高种子吸收性能和杀灭大部分病菌。选择良好的沼气池，最好是正常产气3个月以上的沼气池，清除水压间杂物以备用。

种子包装：用透水性较好的编织袋包装种子，每袋15～20kg，并留出一定袋容，扎紧袋口，放入出料间中下部。

浸种时间的确定：常规早稻品种一次性浸种48小时，常规晚稻品种浸24小时，早稻杂交品种夜浸14～16小时，日露8～10小时。无壳种子（玉米）浸12～18小时，小麦种一般在17～20℃浸6～8小时。

取出塑料袋，将其外部冲洗干净，取出种子晾干、催芽。

沼液浸种适用于浸水稻种和育秧以及沼液浸小麦种、玉米种、棉种、甘薯种、菜籽、瓜子等种子。

(2) 沼液的叶面喷肥

1）特点

养分丰富且相对富集，是一种速效水肥。收效快，利用率高，24 小时内叶片可吸收附着喷量的 80%左右。叶面喷肥可促进作物的光合作用，有利于作物的生长发育，对作物病虫害有一定的防治作用，在 48 小时内害虫减退率达 50%以上。

2）方法

使用正常产气 3 个月以上的沼气池，沼液需过滤。在早晨 8～10 点喷施，尽可能喷在叶子背面。根据作物的长势确定喷施量和喷施时间。和农药混合喷施时，要经试验确定。

叶面喷肥方法适用于果树、水稻、小麦等农作物，蔬菜喷施量宜小些。

2. 沼液在果树上的应用

沼液中营养成分相对富集，是一种速效的水肥，沼液用于果树叶面施肥，收效快，利用率高。一般施后 24 小时内，叶片可吸收喷施量的 80%左右，从而能及时补充果树生长对养分的需要。果树地上部分每一个生长期前后，都可以喷施沼液，叶片长期喷施沼液，可增强光合作用，有利于花芽的形成与分化；花期喷施沼液，可保证所需营养，提高坐果率；果实生长期喷施沼液，可促进果实膨大，提高产量。沼液喷施时的注意事项：

（1）注意时间。沼液应取自正常产气一个月的沼气池，否则会因为发酵不成熟，而对植物产生危害。在没有检测仪器的情况下，判断沼液能否使用的简单方法就是观察沼气的燃烧情况，凡沼气燃烧时火苗正常、不脱火、没有臭味时表明沼气发酵正常，这种沼液可以浸种。用沼气灯检验则更为方便直观，凡沼气灯不燃时，沼液不能使用，相反灯能点燃，沼液就可使用，水压间料液表面如有一层白色膜状物时沼液也不能使用。

（2）注意方法。沼液要澄清过滤好，以防堵塞喷雾器。喷雾器密封性要好，以免溅、漏，弄脏身体。

（3）注意浓度。沼液浓度不能过大，1 份沼液加 1～2 份清水即可。

（4）注意部位。喷施时要注意部位，以叶背面为主，因叶面角质层厚，而叶背布满小气孔，易于吸收有利于吸收。

（5）注意时机。掌握好喷施时机：春、秋、冬季上午露水干后（约 10 时）

进行，夏季傍晚为好，中午高温及暴雨前不要喷施。

(6) 注意灵活运用。喷洒量要根据作物品种、生长的不同阶段及环境条件确定。根据作物不同、目的不同，可采用纯沼液、稀释沼液、沼液的某些药物的混合液进行喷洒。

3. 沼液在养殖业上的应用

(1) 沼液养猪

沼气池的副产品沼液含有丰富的蛋白质、矿物质和猪生长所必需的氨基酸、维生素等，在饲料中添加沼液饲喂，猪食欲旺盛，皮毛油光发亮，不生病或少生病，同时节省饲料，增重快。沼液喂猪安全可靠，农民易掌握，经济效益高。而且是一项安全的使用技术，因此在农村推广沼液喂猪技术具有极大的经济价值。

1) 沼液喂猪的概念和好处

沼液喂猪是在常规饲养的情况下，利用沼液作为添加剂拌入猪饲料中，起到促进生猪生长，缩短育肥期，提高饲料转换率，提高肉料比、降低了饲料消耗，达到增加收入的目的。喂沼液的猪，食欲好，不剩料，外貌好看，膘肥体壮，不乱跑，不拱地，爱睡觉。添加沼液喂猪，平均每增重 1kg，节约饲料 0.812kg，饲料转换率提高 12.9%，缩短饲养周期 1 个月左右，成本降低 35%左右。

①沼液喂猪能有效地解决广大农村猪饲料营养不全的问题

据测定，沼液中除含有促进生猪生长的氨基酸外，还含有铜、铁、锌等微量元素。试验对比结果显示，常规饲养的猪，日增重 0.38～0.53kg；添加沼液喂的猪，日增重 0.5～0.7kg，可提前 1～2 个月出栏。添加沼液喂的猪料肉比为 3.02～4.12∶1，饲养一头同样体重的猪（如 100kg），喂沼液比不喂沼液的猪每头可缩短育肥期 32 天、节省精饲料 80kg 以上。

②沼液具有治虫防病治病的作用

沼液中无寄生虫卵和有害病原微生物，有害元素镍、汞、铅等均低于国家生活用水标准，用来喂猪安全可靠。另外沼液具有治虫（蛔虫）、防病治病（治疗僵猪和防治猪丹素、仔猪副伤寒疾病）的作用。屠宰化验，肉质正常，符合国家规定的食品卫生标准。

③沼液喂猪安全可靠，各项检验指标均符合部颁标准

经农业部食品质量检测中心对沼液的猪肉质检验鉴定，沼液喂猪安全可靠，

屠宰前猪的体温、精神、外貌正常，体态发育良好，屠宰后各组织器官的色泽、硬度、大小、弹性均无异常，无有毒物质、金属残留、传染病或寄生虫病，肌肉较为丰满，肉质与普通饲养相同，味鲜无异味，各项检验指标均符合部颁标准。

2）沼液喂猪的技术和方法

①用沼液作添加剂喂猪的方法十分简单，在喂猪时，用粪勺或者其他容器从沼气池出料口中取出适量的中层沼液，放入饲料中搅拌即可。夏季饲料拌好后可放置3～5分钟，春季可放置5～10分钟，冬季可放置10～15分钟。目的，主要是让沼液渗透到饲料里，另一方面让其氨味挥发掉。开始添加沼液时，如猪不适应沼液的臭味时，可在饲料中加少量的沼液，适应后适当加大沼液量。

②由于猪的不同生长发育阶段，其体重、摄食量和采食习性等情况有所不同。因而，沼液添加量也要因猪制宜，不能千篇一律。一般分为三个阶段：一是仔猪阶段（体重在25kg以下）。这个阶段的仔猪一般不宜添加沼液，即使要加也要少量地加。二是架子猪阶段（体重25～50kg）。这一阶段猪的骨骼发育迅速，质量增大，开始添加沼液，每次沼液用量为0.5kg左右，每日3～4次，如在饲料中增加少量骨、鱼粉，增重效果更为显著。三是育肥阶段（50～100kg）。这一阶段猪全面发展，食量大，增重快，因而沼液量也应增加到每次1kg左右，每日3次。当猪的体重达到100kg以上时，虽可添加沼液饲料，但增重速度减慢。超过120kg时，增重速度与日常饲养的增重速度相差不大。如长期不出栏，可停止添加沼液。

③用沼液生拌饲料至半干半湿，如沼液量不够，可另加清水，饲料以猪吃完不剩为标准。每次沼液添加剂的用量要根据沼液浓度来控制，沼液浓度大的可以少添一些。绝不能看猪十分爱吃时就多加，不爱吃时就少加，甚至不加，这样会打乱猪的口味适应性，对猪的生长十分不利。

3）沼液喂猪应该注意的问题

①在取沼液喂猪时应该注意的是，需用正常发酵的沼气中的沼液。在沼气池正常产气1个月后，取其出料间中层的沼液，放置1～2个小时，用纱布过滤拌入饲料中即可用来喂猪。不产气的或病态池及投入了有毒物质的沼气池中的沼液严禁喂猪。

②新建池或大换料的沼气池，必须投料一个月正常产气利用后，才能使用沼

液。沼液的酸碱度以中性为宜，即 pH 值在 6.5～7.5 之间。否则，因酸度大或粗纤维、粗蛋白未充分分解及致病因子未充分杀灭而不能使用。

③从沼气池出料口取沼液时，应撇开浮渣，舀取中层清液。按要求的时间喂猪，不能放置时间过长。同时应采取驱虫措施，除去猪的肠道寄生虫后，再用沼液喂猪。

④沼液仅是添加剂，不能取代基础原料。只是在满足猪生长所需饲料的基础上才能体现添加剂的效果，所以应按要求添加沼液。开始添加沼液喂猪时，要观察猪的动态行为，特别注意粪便形状，如发现猪拉稀或粪呈饼状，应适当减少沼液用量，待症状消失后，再添加沼液。如有特别症状还应请兽医诊断。

⑤母猪在产仔断奶后，宜减少沼液喂量或暂停使用，以免增膘过快影响发情和降低受胎率。

⑥要定期向沼气池内投入新料，以利提高池内有机成分。农药及农药毒死的动物尸体不能放进沼气池。

（2）沼液喂奶牛

用发酵正常的沼液将饲料拌湿、搅匀，饲喂奶牛，均能收到较好的饲养效果，具体方法和添加沼液养猪基本相同。沼液中所含的各种营养和激素，能刺激奶牛泌奶系统的产奶功能，从而提高产奶量。据江西省瑞昌市农村能源站试验表明，按沼液量与饲料量 1∶1～1∶2 的比例拌料喂养奶牛，试验牛比对照牛每天平均产奶量增加 2.29～2.4kg。

（3）沼液养鱼

沼液作为淡水养殖的饲料，不仅营养丰富，加快鱼池浮游生物繁殖，耗氧量减少，水质改善。而且，常用沼液，水面能保持茶褐色，易吸收光热，提高水温，加之沼液的酸碱性为中性偏碱，能使鱼池保持中性，这些有利因素能促进鱼类更好生长。所以，沼肥是一种很好的养鱼营养饵料。

（4）沼液养鸡

沼液是一种较完备的饲料添加剂，含有铜、铁、镁、锰、锌等微量元素，还含有赖氨酸、色氨酸、钴酸、烟氨酸和核黄素。农村家用沼气池的发酵原料主要是畜禽和人的粪便、半纤维素、粗蛋白、粗脂肪几大类有机物，在沼气内经过各种细菌消化分解为葡萄糖、果糖、氨基酸、脂肪酸等，故沼液中含有上述各种营养物质及其衍生物如乙醇，醋酸有机氮，磷钾等，另外沼气中种类多，数量大的细菌群落具有极强的繁殖能力，在新陈代谢中产生大量的细菌蛋白，使沼液中有效营养十分丰富。

1）饲养方法

当鸡长到活重 0.3kg 以上，可开始拌沼液饲喂。一般鸡饲料均可拌用，沼液要求拌匀，用量以拌至不干不湿为宜。

取用沼液从沼气池出料口取中层新鲜沼液。取前先把沼液上面的浮沫撇开，取中部清液，经纱布过滤后，拌入鸡食中搅匀即可。

正常发酵产气并已使用 3 个月以上的沼气池，均可取液，不产气池或病态池切忌取液饲用。沼液添加量要适度，若沼液量与饲料量大于 1∶1 的比例时，鸡会出现泻肚现象。

2）饲养效果

沼液中所含的多种氨基酸、微量元素等活性物质，能有效地刺激母鸡卵巢的排卵功能，提高产卵能力。

① 用沼液拌料饲养的母鸡提前 20 天产蛋，产蛋鸡比对照鸡延长 50 天左右，年平均产蛋期为 250 天，而用单一饲料饲养的母鸡，年平均产蛋期为 200 天，前者比后者产蛋率提高 25%。

② 用沼液拌料饲养的鸡所产的蛋，平均每枚鸡蛋重 46.7g，而用单一饲料养的鸡所产的蛋，平均每枚鸡蛋重 39.6g，前者比后者蛋的增重率高 17.9%。用沼液拌料喂养一只母鸡，一年就可增收 15 元以上。

③ 用沼液拌料喂鸡，鸡平均体重 10 个月内为 1.8kg，而不用沼液饲料喂鸡，平均体重为 1.4kg，前者比后者增重率高 28.75%。

5.3　沼气为纽带的生态农业模式

目前，我国农村沼气基本形成了“一池三改”（沼气池与改圈、改厕和改厨）的建设模式，并形成了“猪—沼—果”、“猪—沼—茶”等“养殖—沼气—种植”、“四位一体”、“五配套”等生态农业发展模式。

自 20 世纪 80 年代以来建立起的沼气发酵综合利用技术、物质多层次利用、能量合理流动的高效农产模式，已逐渐成为我国农村地区利用沼气技术，促进可持续发展的有效方法。沼气用于农户生活用能和农副产品生产、加工，沼液用于饲料、生物农药、培养料液的生产，沼渣用于肥料的生产，我国北方推广的塑料大棚、沼气池、禽畜舍和相结合的“四位一体”沼气生态农业模式、中部地区建立的以沼气为纽带的生态果园模式、南方建立的“猪—沼—果”模式以及其他地区因地制宜建立的“养殖—沼气—种植”、“猪—沼—鱼”和“草—牛—沼”等模式都是以农业为龙头，沼气为纽带，对沼气、沼液、沼渣的多层次利用的生态农业模式，沼气发酵综合利用建立的生态农业模式，使农村沼气和农业生态紧密结合起来，是改善农村环境卫生的有效措施，是发展绿色种植业、养殖业的有效途径，已成为农村经济新的增长点。

5.3.1　北方“四位一体”能源生态模式

“四位一体”生态农业模式是近年来在我国北方推广较快的一类生态农业模式，它已成为发展“高产、优质、高效”农业的一个较好模式，能有效解决农村能源供应、增加农民收入等诸多问题。

“四位一体”能源生态模式是指在农户庭院内建日光温室，在温室的一端地下建造一个沼气池，沼气池上建猪舍和厕所，温室内种植蔬菜和水果，这样将日光温室、禽畜舍、蔬菜或水果、沼气池四者有机结合在一起，以太阳能为动力，以沼气为纽带，种植业和养殖业相结合，相互配合、相互补充而形成的良性循环体系。

1. 组成和原理

以200～600平方米的日光温室作为基本的生产单元，在温室内部西侧、东侧或北侧建一个20平方米的太阳能禽畜舍和一个2平方米的厕所，禽畜舍、厕所与温室间用墙隔开，在墙的中间设置通气孔，禽畜舍需根据设计原则和建筑要求进行建设，使其既能在冬季增温、保温，又能在夏季降温、防晒。在禽畜舍下部建一个6～10m^3的沼气池，进料口设在禽畜舍和厕所下，使禽畜舍和厕所的粪便通过管道自动进入沼气池中；出料口设在温室中，以便于沼液和沼渣的使用。其中日光温室是一种采用合理采光时段理论和复合载热墙体结构理论设计而成的节能型塑料大棚或构筑物，合理采光时段应为每天都要保持4小时以上的日照时间。北方“四位一体”能源生态模式示意图如图 5-1 所示。

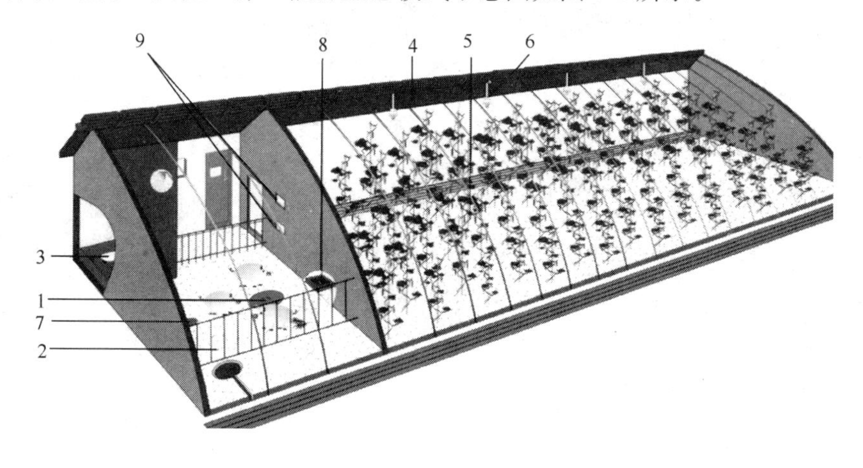

注：图片由农业部科技教育司、中国农学会编制

图 5-1 北方“四位一体”能源生态模式示意图

1—沼气池；2—猪圈；3—厕所；4—日光温室；5—菜地；6—沼气灯；7—进料口；8—出料口；9—通气口

日光温室利用薄膜的透光和阻散性能及温室的保温墙体，可以使日光进入温室并转化为热能，阻止热量和水分的散发，达到增温、保温的作用，并为沼气池、猪、温室内的农作物提供适宜的温湿度条件。据测定，在最冷的 1 月份，环境温度为零下 11℃时，温室内的温度可以保持在 10℃以上，有时达到 15℃左右，从而基本满足了冬季的果蔬生产、禽畜的正常生长，这样不仅能够生产反季节的蔬菜和瓜果，而且能够缩短生猪出栏时间，同时能够满足沼气池内发酵物所需要的温度，保证寒冷的冬季也能正常生产沼气。

养猪除直接增加收入外，还可以通过猪的呼吸作用为作物提供二氧化碳气肥，而农作物的光合作用则能增加猪舍内的氧气含量，有些农作物还可以直接作饲料。温室中饲养的禽畜为沼气池提供发酵原料，沼气池发酵后产生的沼气可用于炊事、照明和生产、生活，也可以在温室内燃烧，提升温度和增加二氧化碳浓度。沼气发酵的残余物（沼液和沼渣合称沼肥）可以开展多项综合利用，如用作有机肥料、饲料添加剂、病虫害防治剂、沼液浸种、喷洒叶面、蘑菇的基质和蚯蚓的饵料等。农村沼气“四位一体”模式的各组成部分相互利用，相互依存，优势互补，形成一个能流、物流良性循环的生物圈，成为发展无污染、无废料生态农业的重要技术措施。

2. 特点和效益

（1）特点

1）多业结合，集约经营

通过生态模式中各单元之间的联结和组合，将动物、植物和微生物结合起来，加强了物质之间的循环利用，使养殖业和种植业通过沼气紧密联系在一起，形成一个完整的生产循环体系。这种循环体系达到高度利用有限土地、劳动力、时间、饲料、资金等，从而实现集约化经营，进而获得良好的经济、社会和生态效益。

2）资源得以增值

生态模式使土地、空间、能源、动物粪便等农业生产资源得以最大限度开发和利用，从而实现了资源的增值。

3）物质循环、相互转化、多级利用

生态模式充分利用太阳能，将太阳能转化为热能，通过农作物又进一步转化为生物质能，实现能源的合理利用。通过沼气发酵，将无公害、无污染的肥料施于蔬菜和农作物，使土地增加了有机质，粮食增产，秸秆还田，并转化为饲料，达到用能与节能并进的目的。

4）保护自然环境，改善卫生条件

生态模式把人、畜、禽、作物联结起来，并进行相应的处理，达到规划合理、整齐、卫生的目的，从而保护环境。粪便中含有大量的病原体，它可以通过多种途径污染水体、大气、土壤和植物，直接或间接地影响着人体的健康。而通过沼气发酵处理粪便，能够消灭病菌，可使粪便达到无害化的效果。在常温沼气发酵条件下，钩虫卵、蛔虫卵 30 天则被杀灭，沙门菌平均存活 6 天，痢疾杆菌 40 天被杀灭，减少了对土壤的污染，从而能够改变农村粪便、垃圾任意堆放的状况，消灭了蚊蝇的滋生场所，切断了病原体的传播途径。因此，沼气发酵处理粪便，净化了环境，减少了疾病，大大改善农村的卫生面貌。

5）有利于提高农民素质

生态模式是一项技术性很强的农业综合型生产方式，它改革了传统的农业生产模式，是实现农业由单一的粮食生产向综合多种经营方向转化的有效途径。因此，推广应用能源生态模式，能够极大地增强农民的科技意识和技术水平，进而提高农民的素质。

6）效益高

能源生态模式能够高度利用时间，不受季节和气候的限制，在新的生态环境中，生物获得了适于生长的气候条件，改变了北方地区一季有余、二季不足的局面，使冬季农闲变农忙；高度利用劳动力资源，生态模式是以家庭为基地，家庭妇女、闲散劳动力、男女老少都可以从事生产；缩短养殖时间，延长农作物的生长期，使得养殖业和种植业经济效益都较高。

（2）效益

1）果蔬高质高产、增加收入

沼气、沼液、沼渣的利用，不但代替了化肥和农药，减少了它们的使用量，降低了成本，而且增加了土壤中的有机质含量，从而有利于果蔬的生长，提高果蔬的品质和产量，也因此提高了经济效益。

2）有利于养猪、增加收入

采用生态模式后，养猪的条件明显改善，一是猪粪尿可以方便地进入沼气池中，使猪舍保持干净；二是日光温室的保温和增温作用，使猪舍每天都能够保持在10～28℃这一适合猪生长的温度区间；三是温室中的植物进行光合作用，产生大量的新鲜氧气供给猪呼吸，而猪呼吸产生的二氧化碳再供给植物，增加二氧化碳气肥，使种植和养殖相互促进；四是温室与外界隔断，减少了各类传染病的感染几率，保障了猪在生长过程中少生病或不生病。所以，猪生长快速，缩短了养殖时间，提高了效益，增加了收入。

3）节约能源，减少开支

采用生态模式后，温室保持了沼气发酵的温度，沼气池能够常年产气，从而解决了农户在冬季的生活用能，减少了开支。在北方地区，若不采用生态模式，由于冬季寒冷，沼气池一般不能产气。采用生态模式后，沼气池一年四季都可产生沼气，正常发酵使用的户用沼气池每年可以产生300～500m^3的沼气，相当于每天向用户提供5～8度电，若用于炊事全年可以向用户提供大约680～1140MJ的能量，相当于10～17瓶（约125～208kg）液化石油气或者1000～1700kg薪柴或660～1100kg煤炭，基本能够满足一个3～5人之家的生活用能需要。

5.3.2　南方“猪—沼—果”能源生态模式

云南省在沼气建设中大力推广“养殖—沼气—种植”三位一体生态农业模式，沼气不仅用来做饭、照明，还开辟出了增加农民收入的新渠道。陆良县引导农民利用沼渣、沼液发展无公害农产品，去年农民户均增收 600 多元。陆良县 2000 口沼气池每年回收储存人畜粪便 4000 多 t，节约原煤 1220t，降低成本节约资金 121 万元。南涧县共建成沼气池 11077 口，每口沼气池 1 年减少薪柴消耗 $6m^3$，全县每年减少薪柴消耗 6.65 万 m^3，相当于保护了 1.7 万亩林地，减排温室气体 4.4 万 t。

1. 模式的组成

“猪—沼—果”生态模式及配套技术是以农户为基本单元，利用房前屋后的山地、农田、水面、庭院等场地，建设禽畜舍、沼气池和果园等几部分，同时使沼气池的建设与禽畜舍和厕所三结合，构成“养殖—沼气—种植”三位一体的庭院经济格局，形成生态良性循环，提高农民生产生活水平。沼气用于农户的炊事、照明等日常生活用能，沼肥可用于果树或其他农作物，沼液可用于鱼塘和饲料添加剂饲养生猪，果园套种蔬菜和饲料作物，满足庭院畜禽养殖对饲料的需求。

该模式围绕当地主导产业，因地制宜开展沼气、沼渣、沼液的综合利用，可收到对农业资源的综合高效利用、生态环境建设、提高农产品质量、增加农民收入等效果。沼气池可消化畜禽粪便、植物秸秆等废弃物，再转换成沼气用于生产和作生活燃料，同时它的剩余物沼肥又是种植业所需的优质有机肥料。沼气池是该模式的核心技术内容，起着联结养殖和种植、生产与生活用能的纽带作用，在“猪—沼—果”能源生态模式中是一个关键性的枢纽环节。

这种模式适合田少山地多、以栽种经济作物和果木为主的农户，是一种以沼气为纽带，联动畜牧业、果业、种植业等相关产业共同发展的农业模式。

2. 模式的特点和效益

(1) 模式的特点

该模式具有以养殖业为龙头，以沼气建设为中心，联动粮食、甘蔗、烟草、果业、渔业等产业，再吸收传统农业精华和利用现代化基础，广泛开展综合利用技术等特点。

“猪—沼—果”生态模式是一种综合性的现代农业生产方式，它利用猪粪和其他农业有机废弃物原料进入沼气池中发酵，产生的沼气供农户炊事、点灯等日常生活用能，沼渣和沼液用作有机肥、病虫害防治剂等。这种模式实现了农业内部物质和能量的多种生产和多层次利用，转变了生产增长的方式和途径，达到高产、高质、高效的目的。

（2）模式的效益

1）推动养殖业、果业和其他农业的发展，增加收入

据调查，建沼气池的农户比没有建沼气池的农户要多养 3～5 头猪，基本实现人均两头猪，而每头猪的纯利却大大增加。沼肥不仅可以促进农作物的生长和改良土壤，而且还可以增强农作物和果树的抗旱、抗冻、抗病等抗逆能力，例如沼肥用在脐橙和甜柚上，比施用化肥增产 25％以上。用沼肥进行育秧，单产比常规育秧高出 17.5％～24.3％。

2）改善了农村环境条件

使用沼气后，改变了烟熏火燎的炊事方式，厨房卫生和空气质量得以改善。人畜粪便进入沼气池中发酵，减少了蚊蝇的孳生场所，一些寄生虫和病菌在沼气池中被杀灭，减少了疾病的发生，提高了农民的健康水平，村容村貌大为改观。

3）进一步解放了妇女，提高农民的科技素质

以赣州地区为例，该地区采用粪草两相分离连续发酵工艺的沼气池，可以常年产气用气，一年可以节约砍柴劳动力 120 个以上，把妇女从繁重的砍柴刈草劳动中解放出来。同时，按照生态原理和系统工程设计和建设模式，开展技术培训和应用实践，使农民掌握了先进的生猪饲养方法、沼气使用和管理、水果种植等多种知识，增强了采用先进技术、讲究系统管理、规模经营等持续发展的意识，大大提高了农民的科技素质。

4）降低对森林的消耗

推广使用沼气，可以解决广大农民的生活用能问题，大大减少因用能对森林的消耗。

5）改良土壤

据调查分析，施用沼肥的水稻田，在三年后土壤中的有机质含量提高了

16%，氮、磷、钾含量达到丰富级，并形成了团粒结构，保水抗旱性能得以显著提高，微生物也十分活跃。

5.3.3　西北“五配套”能源生态模式

“五配套”模式在我国西北地区应用比较广泛，是解决西北干旱地区的用水、促进农业持续发展、提高农民收入的重要模式。其主要内容是，户建一个沼气池、一个果园、一个暖圈（太阳能畜禽舍）、一个蓄水窖和一个看护房。“五配套”模式以农户庭院为中心，以节水农业、设施农业与沼气池和太阳能的综合利用作为解决当地农业生产、农业用水和日常生活所需能源的主要途径，并以发展农户房前屋后的园地为重点，以塑料大棚和日光温室等为手段，增加农民经济收入，实现脱贫致富奔小康。该模式的运行机制如图 5-2 所示。

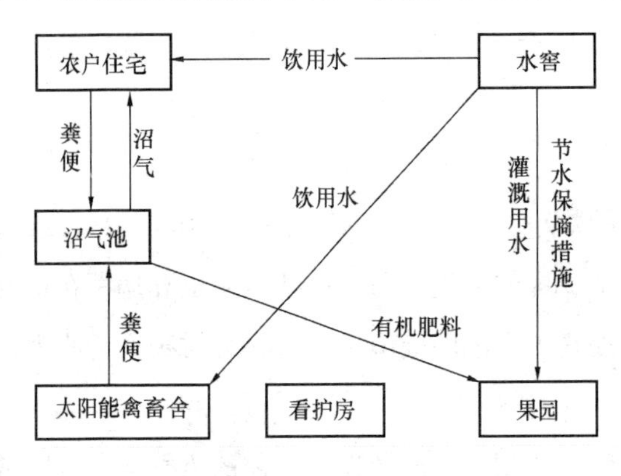

图 5-2　“五配套”模式运行机制图

沼气池是西北“五配套”能源生态模式的核心，起着连接养殖与种植、生活用能和生产用肥的纽带作用，如以一个 5 亩左右的果园为基本生产单元，在果园或农户住宅前后配套一口 8～10m^3 的水窖，一座 10～20m^2 的猪舍或禽舍（4～6 头猪，20～40 只鸡），一种节水保墒措施（滴灌或秸秆覆盖），一幢 10～15m^2 的简易看护房。沼气池生产的沼气可以解决农户住宅点灯、做饭等日常生活用能，沼气池则可以解决人畜粪便随地排放造成的脏、乱、容易滋生多种疾病及病虫害等问题，改善了居住环境，改变了农村生态环境，沼渣、沼液的综合利用还可以实现促进生产、提高效益等功能。

水窖是收集和储存地表径流水的集水设施，为果园配套集水系统，除供人、畜、沼气池用水外，还可弥补关键时期果园滴灌、穴灌用水，防止关键时期缺水对果树生长的影响。暖圈是实现以牧促沼、以沼促果、果牧结合的前提，采用太阳能暖圈养猪，解决了猪和沼气池越冬的问题，提高了猪的生长速度和沼气池的产气量。果园灌溉设施是将水窖中储存的水通过水泵增压提水，经输水管道输送并分配到滴灌滴头，以水滴或细小射流均匀而缓慢地滴入果树根部附近，结合灌水可以使沼气发酵系统产生的沼液随灌水施入果树根部，使果树根系区经常保持适宜的水分和养分，而节水保墒措施是多蓄、少耗、巧用水的有效办法。

该模式主要适宜于干旱少雨及冬季严寒等自然条件较差的地区，此模式使果（蔬）园、沼气池、太阳能圈舍、水窖及集雨场所和节水滴灌相配套，其特点是有利于沼气池冬季正常产气，畜禽生产及保证果（蔬）园生产用水和人畜饮水需求，实现种植、养殖、积肥、集雨和节水灌溉等多方面的有机结合。

户用沼气池的使用与管理 6

6.1 沼气池的使用与日常管理

6.1.1 沼气池的使用

常言道“三分建池，七分管理”，在沼气池的日常使用过程中，由于各户的发酵原料、发酵浓度、用气量及炉具等因素不同，需要广大用户认真观察自己的沼气池的运行情况，经常检查管路，发现问题及时处理，不断总结经验，才能最大限度地发挥沼气池的效益。

1. 不能放入沼气池中的原料

大多数植物都可用来做沼气的原料，但并非所有植物都可以入池。如核桃叶、银杏叶、猫儿眼、黄花蒿（苦蒿）、臭椿叶、楸树叶、泡桐叶、水杉、梧桐叶、断肠草、烟梗、辣椒叶等应严禁入池，因为它们中含有抑制或杀死甲烷菌的成分。同样，沼气池内更不能用农药、柴油、电石。否则，会造成池内长期不产气。另外，豆饼、花生饼、棉籽饼等在空气不足的情况下，会产生磷化三氢，这是一种有毒的气体，不仅对甲烷细菌不利，而且人畜接触后容易发生中毒，故此类麸饼也严禁入池。

2. 沼气池里正常产气的原材料

新建成的沼气池从进料开始到能够正常而稳定地产气的过程，称为沼气发酵的启动。沼气池发酵能否顺利地启动，对于能否保持长久稳定运行是非常重要的。因此，为了使新建成的沼气池产气快、产气好，初装料应达到如下要求：

（1）加入足够量的接种物

在新池装料前或投料后要收集老沼气池里的沼渣、沼液、粪坑的底脚黑色沉渣、塘泥、城镇污水沟的污泥、屠宰场的污水污泥等，这些物质含有丰富的沼气细菌，接种数量要达到发酵原料的10%～30%，把接种物和原料均匀混合，一同加入池内。

（2）选用合适的发酵原料

沼气发酵原料是产生沼气的物质基础，为了保证沼气池启动和发酵有充足而稳定的发酵原料，在投料前，需要选择有机营养适合的牛粪、猪粪、羊粪等做启动的发酵原料。这些原料颗粒较细，含有较多的低分子化合物，碳、氮比小于25∶1，属于适宜的发酵碳氮比，入池后启动快，产气好。不要单独用鸡粪、人粪启动，这些原料在沼气细菌少的情况下，料液易酸化，使发酵不能正常进行。

（3）沼气池初次装料时的发酵浓度要合适

沼气池第一次投料量应为池子容积的80%，若因原料暂时不足，一次性投料不能达到要求投料量（大多数家用沼气池均不可能积有如此充足的原料），则加水超过进出料口15cm，封闭发酵间进行发酵。第一次投料浓度采用6%～10%，若沼气池中原料和水的比例难于估计，宁可稍稀，不要太浓，否则易酸化。

3. 观察料液变化，判断发酵产气情况

沼气池发酵料液浓度、颜色可以直接反映沼气池发酵产气的好坏以及产生的原因，因此需要经常观察沼气发酵料液的状态，要使沼气池正常产气，要求的料液酸碱度在pH=6～8之间，均可产气，在pH=6.8～7.5时产气量最高。一般以出料处的料液为观察判断对象。

（1）料液呈灰色、清汤寡水。此现象反映沼气池发酵差，产气少。其原因是发酵原料不足，缺少接种物。处理方法是加大进料量与接种物数量，不让雨水入池。

（2）料液呈黄色，出料口内翻沼渣。这类现象说明发酵浓度过大，长期未出料，池内结壳，水分不足、料液偏酸。处理方法是排出部分沼渣，增加适量的水分，做到定期出料，勤搅拌。

（3）料液呈酱油色，液面有泡沫层。这是属于发酵正常的状况，沼气池处于最佳运转状态。只要加强管理，勤进料，勤出料，勤搅拌，发酵产气可以长期保持旺盛。

（4）料液呈浅蓝色或起蒙，料液的酸碱性不正常。沼气料液的酸碱度大小可以通过眼睛观察的方法进行辨别，当沼气池中的料液有点儿泛蓝色时，表明料液偏酸了；如果料液上泛起一层白色的蒙就说明料液偏碱性。当发现料液偏酸性时，可取3～4kg石灰兑上4～5桶清水，先充分搅匀后再直接从进料口倒入池中并加以搅拌，使石灰澄清液与池中的料液充分接触，使料液达到中性状态。当料液偏碱性时，可用事先铡成2～3cm长的青草，再浇上猪或牛的尿液，并在池外堆沤处理2～3天后，从进料口投入池中并搅拌均匀，使加入的青杂草与池中料液充分接触，使其尽快恢复正常。

4. 提高沼气池产气率的措施

沼气池投料启动后，料液发酵过程中需要注意控制和调整发酵条件，维持发酵产气的稳定性，使沼气池产气好、产气旺。要达到以上效果，应做好如下操作要点：

（1）沼气池要勤加料、勤出料

加入沼气池的发酵原料经沼气细菌发酵产生沼气，原料中的营养成分会逐渐地被消耗或转化，如果不及时补充新鲜原料，沼气细菌就会“吃不饱、吃不好”，产气量就会下降。为了保持沼气细菌有充足的食物，使产气正常就要不断地补充新鲜原料。沼气池进料时应先出料，后进料，做到出多少进多少，以便保持气箱容积。如果长期只进料而不出料将会造成气箱容积被发酵液占满而没有沼气可用。

（2）经常搅拌沼气池内的发酵原料

发酵原料与沼气细菌均匀接触，才能保证正常发酵产气。经常搅拌沼气池内的发酵原料有两个好处：一是能使沼气池内发酵原料和细菌分布均匀，沼气细菌充分接触发酵原料，营养好，迅速生长繁殖，提高产气量；二是可以打破上层结壳，使中上层所产生的附着在发酵原料上的沼气由小气泡聚集成大气泡并上升到气箱内。

（3）控制发料液的酸碱度

发酵原料过浓，使挥发酸积累过多，就会导致产甲烷菌的生长受到抑制，造成杂气过多而不能着火燃烧。判断发酵液是否过酸可用pH试纸来判定。料液正常pH值在6.8～7.5之间。发现料液过酸，可以从进料口加入适量的石灰水

（不能用石灰块，否则易生沉淀物）或草木灰等碱性物质，同时用长把粪勺伸入进料口来回搅动。

5. 沼气池安全发酵应注意的问题

在沼气池内，沼气细菌接触到有害物质时就会中毒，轻者停止繁殖，重者死亡，造成沼气池停止产气。因此在日常管理中，不要误向池内投入下列有害物质：各种剧毒农药，特别是有机杀菌剂、抗菌素、驱虫剂；重金属化合物，含有毒性物质的工业废水、盐类；刚消过毒的禽畜粪便；喷洒了农药的作物茎叶；能做土农药的各种植物如桃树叶、苦楝叶等；辛辣物如葱、蒜、辣椒、韭菜、萝卜等的苗；洗衣粉、洗衣服的水都不能进入沼气池。如果发现中毒，将池内发酵料液取出一半，再投入一半新料，在产气排空 2～3 天后就能正常产气。

6. 沼气池使用中的注意事项

（1）沼气池进出料后都必须及时加盖，避免人畜不慎掉进沼气池。

（2）经常观察气压表，若发现上下波动时，要及时检查导气管、活动盖口、输气管道、开关、接头和压力表等处是否漏气、堵塞。若有这些情况，要及时修补更换，或排出集水瓶和管道中的积水。

（3）及时破碎结壳，沼气池内料液严重结壳，即进出料管口大量翻气泡时，需要揭开天窗口（活动盖），打破结壳层。

（4）采取有效的保温增温措施，温度是影响沼气池产气率的重要因素，因此，在冬季必须采取保温增温措施，用塑料日光温室及池体上加盖秸秆杂草等方法提高池温，增加产气量。

（5）注意沼气池的保养，在天气炎热的季节，新建沼气池要用水连续养护 20 天以上，在混凝土达到设计强度后才能进料。大换料前，必须先收集大量发酵原料后方可进行，并留下足够的发酵接种物，以保证沼气池能够迅速重新投入正常运转，切忌空池暴晒、风干，以防沼气池产生干裂。沼气池活动盖破损后，必须及时维修或更换。

6.1.2　沼气池的日常管理

加强沼气池科学的日常管理，对于沼气池正常产气具有非常重要的作用，故在沼气的日常管理中应做好以下几个方面的工作。

1. 要经常进出料

为保证沼气细菌有充足的食物和进行正常的新陈代谢，使产气正常而持久，就要不断地补充新鲜的发酵原料、更换部分旧料，做到勤加料、勤出料。

（1）进出料的数量

根据农村家用沼气池发酵原料的特点，一般每隔5～10天更换一次料液，以进、出料量各占5%为宜，也可按每m^3沼气量进干料3～4kg计算。对于“三结合”的池子，由于人、畜粪尿每天不断地自动流入池内，因此，平时只需添加堆沤的秸秆发酵原料和适量的水，以保持发酵原料在池内具有一定的浓度。同时也要定期小出料，以保持池内一定数量的料液。

要坚持先出后进，出多少进多少的原则，保证贮气室的空间相对稳定，产气均衡。进出料后要始终保持液面达到正常水位，防止沼气因水位低从进料管溢出。

（2）日常进料管理。新建沼气池要尽快与猪圈、厕所连通，使每天都有充足的新鲜原料流进沼气池。否则，花费劳力从远处运输原料进池，劳动强度大，且进料不及时，造成添加的原料和水混合不均衡，影响沼气池正常产气。

（3）平时进、出料应注意的问题

出料时应使剩下的料液液面不低于进料管和出料管的上沿，以免池内沼气从进料管和出料管跑掉；出料后要及时补充新料，若一次发酵原料不足，可加入一定数量的水，以保持原有水位，使池内沼气具有一定的压力。

（4）大换料应注意的问题

为满足沼气菌的新陈代谢和农田季节用肥的需要，一般大换料的时间安排在春季和秋季进行。

1）大换料前20～30天，应停止进料，以免浪费发酵原料。

2）大出料后应及时加足新料，使沼气池能很快重新产气和使用。

3）大出料时应清出沼气池内的全部残渣和部分料液，要留下10%～30%左右的以活性污泥为主的料液，使该料液作为接种物，以加快沼气池的启动，达到产气快的效果。

2. 要经常搅拌

这是提高产气率的一项重要措施。如不经常搅拌，就会使池内浮渣层形成很厚的结壳，阻止下层产生的沼气进入气箱，降低产气量。农村家用沼气池一般没有安装搅拌装置，可采用下面两种方法进行搅拌：①从进出口搅拌；②从出料间掏出数桶发酵液，再从进料口将此发酵液冲到池内，也可起到搅拌池内发酵原料的作用。

勤搅拌回流是提高沼气产气率的关键措施，不仅可破除池内浮壳，而且可改善池内发酵微生物与发酵原料的接触状态，及时补充新鲜营养。

3. 要经常测定和调节发酵液的 pH 值

沼气细菌适宜在中性或微碱性（一般 pH 值为 6.8～7.6）环境条件下生长繁殖，酸性过强（pH 值小于 6.5）或碱性过强（pH 值大于 8）时，都对沼气细菌活动不利，使产气率下降，为加速产气可采取以下调整措施：①加入适量的草木灰；②取出部分发酵原料，补充相等数量或稍多一些的含氮发酵原料和水；③将人、畜粪尿拌入草木灰，一同加到沼气池内；④加入适量的石灰水，但不能加入石灰，而是加入石灰水的澄清液，同时还要把加入池内的澄清液与发酵液混合均匀，避免强碱对沼气细菌活动的破坏。

此外，为保证沼气发酵不致遭到破坏，必须禁止加入各种大剂量的发酵阻抑物，特别是剧毒农药和各种强杀菌剂。对于因这种原因而遭到破坏的沼气池，需将池内的发酵原料全部清除，再用清水将沼气池冲洗干净，然后才能重新投料启动。

4. 要经常调节水量

沼气池内水分过多或过少都不利沼气细菌的活动和沼气的产生。若含水量过多，发酵液中干物质含量少，单位体积的产气量就少；若含水量过少，发酵液太浓，容易积累大量有机酸发酵原料的上层就容易结成硬壳，使沼气发酵受阻，影响产气量。

6.1.3 农村户用沼气池的启动程序

要使沼气池正常启动，首先，要选择好投料的时间，然后准备好配比合适的发酵原料，入池后原料搅拌要均匀，水封盖板要密封严密。一般沼气池投料后第二天，便可观察到气压表上升，表明沼气池已有气体产生。最初，要将产生的气体放掉（直至气压表降至零），待气压表再次上升时，在灶具上点火，如果能点燃，表明沼气池已经正常启动。如果还不能点燃，照上述方法再重试一次，还不行，则要检查沼气的料液是否酸化或其他原因。经检查沼气池的密封性能符合要求即可投料。沼气池投料时，先应按要求根据发酵液浓度计算出水量，向池内注入定量的清水，将准备的原料先倒一半，搅拌均匀，再倒一半接种物与原料混合均匀，照此方法，将原料和菌种在池内充分搅拌均匀，净沼气池密封。农村沼气发酵的适宜温度为15～25℃。因而，在投料时宜选取气温较高的时候进行，北方宜在3月份准备原料，4～5月份投料，等到7～8月份温度升高后，有利于沼气发酵的完全进行，充分利用原料；南方除5月份可以投料外，下半年宜在9月份准备原料，10月投料，超过11月份，沼气池的启动缓慢，同时，使沼气发酵的周期延长。在具体某一天什么时间投料，则宜选取中午进行投料。

新建或大换料的沼气池，经过一段时间养护，试压后确定不漏气不漏水，即可投料。沼气池的启动过程如下：

准备。发酵原料按要求做好“预处理”，并准备好接种物，接种物数量相当于发酵原料10%～30%为宜。

投料。将准备好的发酵原料和接种物混合在一起，投入池内。所投原料的浓度不宜过高，一般控制在干物质含量4%～6%为宜。以粪便为主的原料，浓度可适当低些。

加水封池。发酵池中的料液量应占池容积的85%，剩下的15%作为气箱，达到这个标准即可将活动盖密封好。

放气试火。当沼气压力表上的水柱达到40cm以上时，就可放气试火。放气1～2次后，加上产甲烷菌数量的增长，所产气体中甲烷含量逐渐增加，所产生的沼气即可点燃使用。

启动完成。当池中所产生的沼气量基本稳定，并可点燃使用后，说明沼气池内微生物数量、酸化和甲烷菌的活动已趋于平衡，pH值也较适宜，这时沼气发酵的启动阶段结束，进入正常运转。

6.2 沼气池配套设备的使用与管理

沼气池的配套设备包括沼气灶、沼气灯、沼气饭锅、沼气管道配件、压力表、脱硫器、脱水器等。

6.2.1 沼气灶的正确安装使用

沼气灶（脉冲点火），在点火前应先旋转中心小分火器（火盖）使任一孔与点火磁针的距离为4mm左右然后压电点火即可。若点火时按下旋钮开关，听不到脉冲放电的吱吱声（即无火花），应先检查电池是否有电，再检查导线是否脱落，高压线是否装好。

沼气灶（电子点火）在运输过程中，易使点火支架松动移位。若松动，用螺丝刀拧紧点火支架，同时应将支架着火点与喷嘴调到同步位置即可点着火。如果点火支架未松动，不要随意改动。

灶具附近严禁堆放易燃物品，灶具应安装在专用厨房内，若利用卧室的套间当厨房时，应设门隔开。厨房应具备自然通风和自然采光，房间高度不低于2.2m。离地面0.8m，距顶部应有1m以上的空间为宜，与其他物件的边缘距离大于15cm（离墙15cm）。避免安装在走廊、门口、窗户旁，应在低于窗台30cm处。

使用沼气灶专用胶管，各接口务必牢固可靠，并用铁丝紧固。

使用前先装好电池，先关闭灶具旋钮、旁通开关和沼气灯开关，然后打开气源开关。将灶的内焰风门调节到1/6，外焰风门调节到1/3。

按下开关旋钮，听到“吱吱”放电声，同时按逆时针方向缓慢转动旋钮，直至点燃炉头火焰，方可放手。

如果空气适量，燃烧正常，火焰呈蓝色、稳定、透明、清晰；空气过量时，火焰短而跳跃，并出现离焰现象；空气不足时，火焰发黄。

发现灶具有漏气现象，应立即关闭灶具旋钮及气源开关，停止使用，并注意烟火勿近。

用灶具时，不能离开人，以防水、油或稀饭冒出后熄灭火焰，产生泄漏。

沼气压力小于200Pa时，应特别注意观察有无回火发生。一旦发生，应立即关闭灶具，以免烧毁灶具的点火装置或引起火灾。

在使用一段时间后，应将分火器（火盖）的缝隙上的污垢积碳等消除掉，使其保持原来的大小。否则，火孔变小，影响燃气供给，使灶具性能降低。

停止使用后，应将灶具旋钮复位至关闭状态，切记关闭气源开关。睡觉和外出前应重复检查是否关好。

灶面应保持清洁，最好用中性洗涤剂清洗及用柔软布擦抹。

如用户使用的是新池或刚换完料，此时，沼气池中可燃气体较少，不易点燃，若使用，可用火柴或点火棒将灶具点燃，过一两天后再用灶具自身的点火装置点燃灶具。

6.2.2 户用沼气调控净化器的正确使用与维护

沼气调控净化器主要由调控开关、压力表、脱硫器等部分组成，该装置主要起到脱硫作用。使用沼气调控净化器时，如不按照正确方法操作，可能使农户受到危害，出现安全事故。为确保广大沼气用户安全使用调控净化器，更好地发挥沼气能源效益，给农户带来更多的实惠，现将户用沼气调控净化器的正确使用与维护等方面的有关技术进行介绍。

1. 正确使用方法：

（1）正确使用调控开关：使用调控净化器时，调控开关要慢开慢关，按逆时针方向开启，当指示针升到工作区后，即可点灶具，然后将动态的指示针调整到1～3kPa红色工作区之内。用完后先关闭调控开关，再关灶具。压力指示针调至红色工作区内有以下好处：①节省沼气；②延长调控净化器的寿命；③充分发挥灶具的燃烧力度；④防止回火。

（2）脱硫剂再生及更换：正常情况下脱硫剂可重复使用三次（每次六个月），三次后应将脱硫剂全部更换。脱硫剂的还原方法：①关闭室外总开关和调控净化器开关；②打开脱硫瓶将脱硫剂在十分钟内全部倒出；③放在阴凉、自然通风的地方，严禁放在阳光下暴晒；④脱硫剂倒出后应放在水泥地面或铁板上，严禁放在塑料制品、木板以及易燃物品上，避免燃烧引起火灾；⑤脱硫剂还原时间应大于24小时；⑥脱硫剂重新装回脱硫瓶内时只装颗粒，严禁将脱硫剂粉末装回，防止粉末随管道流通进入灶具喷嘴，引起堵塞，补足缺失的脱硫剂。

（3）使用沼气调控净化器时，脱硫瓶内严禁进入空气，以防脱硫剂和空气发生还原反应产生大量的热能而烧坏脱硫瓶。

（4）为防止脱硫瓶内进入水分，出现脱硫剂板结现象。一定要规范安装室内外管道，正确安装过压保护装置。

2. 维护方法：

（1）查漏：若有漏气现象，可插紧漏气接头处并拧紧软管口处的卡箍。

（2）检查软管老化状况：使用一年后，应检查调控净化器内部软管是否有开裂、破损现象。若有，请及时更换软管；若没有，也需定期检查以备不测。

6.3 沼气池的保养与维修

沼气池的保养是沼气池管理的一项重要内容，可以防止或减少病态池的产生，有利于延长沼气池的使用年限。

6.3.1 沼气池的保养

1. 日常保养

（1）潮湿养护。如果池子是水泥结构，建成后就需进行潮湿养护。因为水泥是一种多孔性建筑材料，干燥的天气会使毛细孔开放，容易发生沼气渗漏。因此，必须注意池子长期保持潮湿养护。有的地方把新建的沼气池加上夹层水密封效果很好，也有的在沼气池顶上覆盖 25cm 厚的土层，在土层上种菜、种花，以保持沼气池池体的湿润。

（2）防止空池曝晒。新建的池子或大出料的池子，经检查验收合格后，应立即装料、装水，切忌空池晾晒。否则池子的内外压力失去平衡，损坏池墙，或被地下水将池底压坏，会发生沼气渗漏现象。

（3）防腐蚀。由于沼气池内层经常受发酵料液酸碱的浸蚀，对水泥或其他建筑材料有轻微的腐蚀作用。当池子使用几年后，部分水泥材料和粉刷材料脱落，其密封性能被破坏，发生沼气泄漏现象。因此，每次大换料时，应将池壁洗刷干净，再将被腐蚀的坑洼抹刷平整，然后刷 1～2 遍纯水泥浆，或水泥、水玻璃浆、塑料胶等，使之恢复沼气池的密封性能。

（4）增加保潮层。为了防止沼气池池顶的水分蒸发，可在池顶打一层三合土（石灰＋黄泥＋砂或谷壳），有的在池顶刷一层柏油；也可以在池顶土层上铺一层粗砂或煤渣，再加一层“三合土”；也可在池顶上面铺一层废塑料薄膜，以截断土壤的毛细孔，防止水分蒸发。要求各种保潮层的覆盖面积应大于沼气池池顶的水平面积。

2. 户用沼气池密封养护

户用沼气池在使用过程中，由于养护管理不到位，容易发生池体渗漏。一般情况下，要在大出料时，对池体进行必要的密封养护，来提高沼气池的密闭效果，以保证其正常运用。常用的密封养护方法有以下六种：

（1）刷水泥浆。将主池内壁先清洗干净，用刷子蘸纯水泥浆刷 2～3 遍，刷到 1mm 厚即可。

（2）刷水玻璃。用刷子将 40℃的水玻璃均匀涂在主池内壁，等水玻璃干后，再刷一层纯水泥浆。

（3）刷糯米浆。将磨细的糯米粉加水煮稠，和水泥均匀调合，趁热刷浆。

煮糯米浆时，1kg 糯米粉加水 8kg，煮好的重量为 6kg 左右，掺合水泥的重量为 6kg。要注意趁热刷浆，不能在已煮好的糯米浆中加冷水，如直接用糯米熬浆，要过滤。

（4）涂石蜡。现将石蜡加热溶化，按 1kg 石蜡加 0.2kg 煤油的比例搅拌均匀，再用喷灯在已清理干净的池内壁表面加热，使其温度达到 60～70℃时，随即均匀涂刷石蜡溶液。然后再加热，使石蜡溶液渗入混凝土的毛细孔，腊层厚度不超过 1mm。

（5）搪糊三氧化二铁砂浆。先将需搪糊部分的池壁拉毛，刷洗干净。拌料时，将三氧化二铁与水混合，再同水泥、砂子和石灰膏拌合，然后分两三次均匀上灰。要薄敷重压，总厚度应在 10～15mm 以内。

（6）刷氯丁胶乳沥青。在沼气池内壁及进出料管内壁先抹一层 5mm 厚的 1∶2.5的水泥砂浆，待干后，均匀涂刷氯丁胶乳沥青，用量为每平方米 0.3kg，共刷三层。每层刷完必须在干透后方能刷下一层，三层刷完后，自然养护七天之后才能投料使用。

6.3.2 沼气池的检查与维修

建好一个沼气池，装料、正常产气后，就进入正常运行阶段。为了延长沼气池的使用年限，获得更大的经济效益，就必须对沼气池做好经常检查和维修保养工作。

1. 沼气池的检查

(1) 池外检查

1) 检查输气管道。将输气管放入盛水的容器中，打开输气管道的开关、阀门，一端向里打气，观察输气管道、开关、阀门、接头等部位有无漏气的地方。

2) 检查输气管道和导气管。在输气管道和导气管上涂抹肥皂水，打气后，看肥皂水是否鼓起气泡。

3) 检查接触缝隙。导气管和池盖的接触部位、活动盖座缝处等部位较容易漏气，应重点检查，检查方法同前。

(2) 池内检查

1) 进入沼气池内，逐块检查池壁、池底、池盖、进出料间和池体连接部位，检查有无裂缝、砂眼和小气孔。

2) 用手指和小木棒叩击池体各处，如有空响，说明有粉刷的水泥浆翘壳或出现空洞。

2. 沼气池的维修

查出沼气池漏水、漏气部位后，注上记号，根据不同的情况进行维修。现介绍几种目前农村家用沼气池常用的维修方法。

(1) 裂缝的处理：将裂缝凿成“V”形，周围拉毛，再用1∶1水泥砂浆填塞“V”形槽，压实、抹光，然后用纯水泥浆涂刷2～3遍。

(2) 如果发现有抹灰层剥落或翘壳现象，应将其铲除，冲洗干净，重新按抹灰施工操作等程序，认真、仔细分层上灰，薄抹重压。

(3) 渗水、漏水的处理：地下水渗入池内，可用盐卤拌和水泥堵塞水孔。用灰包顶住敷塞水泥的地方，20min后，可取下灰包，再敷一层水泥盐卤材料，再用灰包顶住，如此连做三次，既可将地下水截住，也可以用硅酸钠溶液拌和水泥填入水孔。硅酸钠溶液与水泥合用，2～3min内便可凝结，为便于操作可加适量的水于硅酸钠溶液中，以减慢凝结速度。

(4) 导气管与池盖交接处漏气，可将其周围部分凿开，拔下导气管，重新安装导气管，灌注标号较高的水泥砂浆，或细石混凝土，并局部加厚，确保导气管的固定。

（5）池底下沉或池墙脱开，可将裂缝凿开成一定宽度、一定深度的沟槽填以C20细石混凝土。

（6）注意维修安全：沼气池是个密闭的容器，空气不流通而缺氧，其主要气体是甲烷和二氧化碳及一些对人有害的气体。甲烷浓度到30%时使人麻醉，浓度达以70%可使人窒息死亡。二氧化碳也是一种窒息性气体。再加上一些有毒气体有麻醉和毒害作用，所以在经过发酵的沼气池和刚出完料的沼气池内，禁止人进入进行检查和维修。池子出完料后进行一段时间的空气对流，或采取一定的措施后才能把沼气和有毒气体排除。在清除粪渣和查漏修补沼气池时应将活动盖揭开，并将原料出到进料口和出料口以下，敞开几天，使里面的空气流通。为保险起见，可先用动物进行试验，把动物（如鸡、兔）放入池内后活动正常则说明池内空气充足，人可进入池内工作。下池时还应采取保险措施，最好拴上安全带，池外有人看护，一旦有头晕、发闷和不舒服的时候，马上用保险带把人从池内救出来。

当揭开活动盖出料时，不要在池子周围点火吸烟。在进入池内出料、维修和补漏时不能用明火。

6.4 沼气池的运行与管理

6.4.1 沼气池的运行

无论是新建成的或已大出料的沼气池，从向沼气池内投入原料和接种物起，到沼气池能够正常稳定产生沼气为止，这个过程称为沼气发酵的启动。要使沼气发酵启动迅速和发酵时间持久，准备充足的发酵原料是其首要步骤。

根据人工制取沼气的条件，必须要有充足的适合于沼气菌生活的原料，这是产生沼气的物质基础，而农村有大量的适宜沼气菌生活的原料，如人、畜粪便是含氮量较高的原料，作物秸秆是含碳量较高的原料，各原料所含成分差别较大，必须要做到原料的合理搭配，综合进料，才能达到高效产气的效果。

1. 沼气发酵原料的配比

我国农村沼气发酵的一个明显特点就是采用混合原料（一般为农作物秸秆和

人畜粪便）入池发酵。因此，根据农村沼气原料的来源、数量和种类，采用科学、适用的配料方法是很重要的。一般原则：

①要适当多加些产甲烷多的发酵原料：为达到多产优质沼气的目的，就必须投入产甲烷数量多的发酵原料；

②将消化速度快与慢的原料合理搭配进料，其目的为产气均衡和持久。作物秸秆含纤维素多，消化速度慢，产气速度慢，但持续产气时间长（如玉米秸秆产气持续时间可达 90 天以上）。人的粪便等原料，消化速度快，产气速度快，但持续时间短（只有 30 天）。因此应做到合理搭配进料；

③要注意含碳素原料和含氮素原料的合理搭配；即要有合适的碳氮比。含碳量高的原料，发酵慢：含氮量高的原料，发酵快，因此应合理搭配。鲜粪和作物秸秆的重量比为 2∶1 左右，以使碳氮比为 30∶1 为宜。

农村沼气发酵种类根据原料和进料方式，常采用以秸秆为主的一次性投料和以禽畜粪便为主的连续进料两种发酵方式。现以后一种方式举例说明，中国农村一般的家庭宜修建 $6m^3$ 水压式沼气池，发酵有效容积约 $5m^3$。由于不同种类畜禽粪便的干物质含量不同，现以猪粪为例计算如何配制沼气发酵原料。猪粪的干物质含量为 18%左右，南方发酵浓度宜为 6%左右，则需要猪粪 1200kg，制备的接种物 500kg（视接种物干物质含量与猪粪一样），添加清水 3300kg；北方发酵浓度宜在 8%左右，则需猪粪约 1700kg 左右，制备的接种物 500kg，添加清水 2800kg，在发酵过程中由于沼气池与猪圈、厕所修在一起，可自行补料。

制备沼气发酵接种物，农村沼气发酵接种物一般采用老沼气池的发酵液添加一定数量的人畜粪便。比如，要制备 500kg 发酵接种物，一般添加 200kg 的沼气发酵液和 300kg 的人畜粪便混合，堆沤在不渗水的坑里并用塑料薄膜密闭封口，1 周后即可作为接种物。如果没有沼气发酵液，可以用农村较为肥沃的阴沟污泥 250kg，添加 250kg 人畜粪便堆沤 1 周左右即可；如果没有污泥，可直接用人畜粪便 500kg 进行密闭堆沤，10 天后便可作沼气发酵接种物。

鉴于我国农村畜牧业的发展，牲畜粪便日益增多，为方便进、出料和充分利用畜便资源，目前提倡纯粪便作为沼气发酵原料。

(1) 碳氮比

正常的沼气发酵要求一定的原料碳氮比。因此，在原料配比中除了考虑上述产气特性外，还应考虑有适当的碳氮比。

实践证明，原料的碳氮比较高（30∶1以上），发酵就不易启动，而且影响产气效果。农村沼气发酵原料的碳氮比以多少为适宜，目前看法不一。有学者认为在沼气发酵中，原料的碳氮比要求不很严格。根据我国农村发酵原料是以农作物秸秆的人、畜粪便为主的情况，在实际应用中，原料的碳氮比以20～30∶1搭配较为适宜。

碳氮比较高的发酵原料如农作物秸秆，需要同含氮量较高的原料，如人、畜粪便配合以降低原料的碳氮比，取得较佳的产气效果，特别是在第一次投料时，可以加快启动速度。在使用作物秸秆为主要发酵原料时，如果人、畜粪便的数量不够，可添加适量的碳酸氢铵等氮肥，以补充氮素。

（2）浓度

在沼气发酵中保持适宜的发酵料液浓度，对于提高产气量，维持产气高峰是十分重要的。发酵料液浓度是指原料的总固体（或干物质）重量占发酵料液重量的百分比。

国内外研究资料表明：能够进行沼气发酵的发酵料液浓度范围是很宽的，以1％～30％，甚至更高的浓度都可以生产沼气。在我国农村，根据原料的来源和数量，沼气发酵通常采用具5％～10％的发酵料液浓度是较适宜的。在这个范围内，夏季由于气温高，原料分解快，发酵料液浓度可适当低一些，一般以6％左右为好；在冬季，由于原料分解较慢，应适当提高发酵料液浓度，通常以10％为佳。同时，对于不同地区来讲，所采用适宜料液浓度也有差异，一般来说，北方地区适当高些，南方地区可以低些。总之，确定一个地区适宜的发酵料液浓度，要在保证正常沼气发酵的前提下，根据当地的不同季节的气温，原料的数量和种类来决定。合理的搭配原料，才能达到均衡产气的目的。从经济的观点分析，适宜的发酵料液浓度不但应获得较高的产气量，而且应有较高的原料利用率。

（3）粪草比

人畜便和秸秆是我国农村最为要的发酵原料，也是产气性质有较大区别的两类原料。由于我国农村现在普遍采用秸秆和粪混合的发酵原料，根据所要用的原料确定适宜的粪草比例是很重要的。实践证明，即使原料相同由于粪和粪草比例不同，发酵产气效果差异是很大的。所谓粪草比，是指投入的发酵原料中，粪草的重量与秸秆类重量之比。

试验表明，采用半连续发酵与批量发酵工艺，在沼气池第一次投料启动时，混合原料中的粪草比是影响产气效果的一个重要因素。考虑到农村目前的实际情况，在生产应用中，粪草比一般应达到2∶1以上，不宜小于1∶1。如果粪草比小于1，为了加快启动速度，提高产气量，需要采取措施，如可添加适量的氮素化肥。

2. 原料的预处理——堆沤

(1) 原料堆沤的作用

原料（包括粪和草）预先沤制进行沼气发酵，使沼气中甲烷含量基本上是呈直线上升，加快产气速度。

秸秆类原料进行预先堆沤后用于沼气发酵，有很多好处：①在堆沤过程中，原料中带进去的发酵细菌大量生长繁殖，起到富集菌种的作用；②堆沤腐熟的物料进行沼气池后可减缓酸化作用，有利于酸化和甲烷化的幱衡；③秸秆原料经堆沤后，纤维素变松散，扩大了纤维素分解菌与纤维素的接触，大大加速纤维素的分解速度，加速沼气发酵过程的进行；④堆沤腐烂的纤维素原料含水量较大，入池后很快沉底，不易浮面结壳；⑤原料堆沤后体积缩小，便于装池。

(2) 堆沤的方法

秸秆堆沤的方法有以下几种：

1) 采用高温堆肥的办法进行秸秆堆沤：根据不同地区和不同季节的气候特点，采用不各方式。在气温较高的地区或季节，可在地面进行堆沤；在气温较低的地区或季节可采用半坑式的堆沤方法；而在严寒地区或寒冬季节可采用坑式堆沤方式。

由于这一办法是一种好氧发酵，需要通入尽量多的空气和排除二氧化碳。坑式或半坑式堆沤应在坑壁上从上到下挖几条小沟，一直通到底。同样也应插几个出气孔。

堆沤的程序：首先将秸秆铡成一寸长（3.3cm）左右，铺10cm厚左右，泼2%的石灰澄清液和1%左右的粪水（对秸秆的重量比），同时还补充一些清水（最好是污水）。直到原料吃够水后再铺第二层。依次再铺第三层、第四层。堆好后用稀泥封闭或用塑料膜覆盖。气温较高的季节堆沤2～3天；气候较低季节，一般堆沤 5～7 天，即可作发酵原料。从直观来看纤维已变松软，颜色已成咖啡色，即已达到要求，不宜再继续堆沤，以免原料损失过大。

2）农村中通常采用一种更为简单的堆沤方法，就是将秸秆直接堆入在地面上踩紧，泼上述数量石灰水和粪水，最好是沼气发酵液，并用稀泥或塑料布密封让其缓慢发酵（在发酵初期是好氧发酵随后逐渐转入厌氧发酵）。这种方法效果比较缓慢，需要较长的时间，分解液流失比较严重。但方法简便，热能损耗较少，也比较适合目前农村的实际情况。而且有富集发酵菌的作用。为了克服分解液的流失，还有的地方对这种堆沤方式做了进一步改进，即在堆沤池进行堆沤。这样可以避免分解液的流失，原料损失很小，除了固物能够充分利用外，分解液的产气速度更快。在沼气池产气量不高时，加入一些堆沤池里的分解液可以很快提高产气量。

3. 接种物

（1）接种物的作用

有机废物厌氧分解产生甲烷的过程，是由多种沼气微生物来完成的。因此，在沼气发酵池启动运行时，加入足够的所需微生物特别是产甲烷微生物作为接种物（亦称菌种）是极为重要的。原料已堆沤而又添加活性污泥作接种物，产甲烷速度很大，第六天所产沼气中的甲烷含量可达 50%以上。发酵 33 天，甲烷含量达到 72%左右。这说明沼气发酵必须有大量菌种，而且接种量的大小与发酵产气有直接的关系。

（2）接种物的富集培养

为了获得足够的质量好的接种物，必须对接种物进行富集培养。富集培养的主要办法是：选择活性较强的污泥，使其逐渐适应发酵的基质和发酵温度，然后逐步扩大，最后加入沼气池作为接种物。

（3）接种物的来源

城市下水污泥、湖泊、池塘底部的污泥、粪坑底部沉渣都含有大量沼气微生物，特别是屠宰场污泥、食品加工厂污泥，由于有机物含量多，适于沼气微生物的生长，因此是良好的接种物。大型沼气池进料时，由于需要量大，通常可用污水处理厂厌氧消化池里的活性污泥作接种物。在农村，来源较广、使用最方便的接种物是沼气池本身的污泥。

（4）接种量

对农村沼气发酵来说采用下水道污泥作为接种物时，接种量一般为发酵料液的10%～15%，当采用老沼池发酵液作为接种物时，接种数量应占总发酵料液的30%以上，若以底层污泥作接种物时，接种数量应占总发酵料液的10%以上。使用较多的秸秆作为发酵原料时，需加大接种物数量，其接种量一般应大于秸秆重量。

6.4.2 沼气池的安全管理

1. 日常安全管理

沼气池是一个严格密闭的发酵装置，是制取和贮存沼气的一种设备。在使用过程中一定要掌握其基本常识和技术要点，做到安全使用，才能收到预期效果。

（1）沼气池的进、出料口要加盖，以免小孩和牲畜掉进去，造成人、畜伤亡，同时也有助于保温。

（2）每座沼气池都要安装压力表，并要经常观察水柱压力表，当池内压力过大时不仅影响产气，甚至有可能冲掉池盖。如果池盖被冲开，应立即熄灭附近的烟火，以免引起火灾。

在进料和出料时也要随时注意观察水柱压力表上的变化。在进料时如果压力过大，应打开导气管放气，并要减慢进料的速度。出料时如果水压表上出现负压则应暂时停止用气，等到恢复正常后才能用气。

（3）严禁在沼气池内出料口或导气管口点火，以免引起火灾或造成回火，致使池内气体猛烈膨胀，爆炸破裂。

（4）沼气灯和沼气炉不要放在衣服、柴草等易燃品附近，点火或燃烧时也要注意安全。特别应经常检查输气管道、开关、接头是否漏气和是否畅通，若有漏气，应及时采取措施使空气流通，充分换气后，立即更换或修理，若发生导气管道堵塞须马上清理。不用气时，马上关上开关。

（5）在厨房内若发现沼气泄露有臭味，应立即打开门窗、切断气源，并禁止使用明火、抽烟，人员要加快撤离厨房，以免中毒。待室内无臭味时，再对漏气部位进行检修。

（6）管道遇冰冻阻塞时，应取用热水融化，严禁火烤。

2. 安全检修

(1) 若维修人员需要进池检修时，应先把活动盖和进出料口盖打开 1～2 天，消除池内沼气，并向池内鼓风，以排除残存气体。

(2) 向池内强制通风后，先用鸡、兔、猫、狗等小动物试验，如无异常现象发生，在池外人员的监护下，维修人员方可入池。

(3) 入池人员必须系好安全带，如有头晕、发闷等感觉时，应立即撤出池体外实施抢救。

(4) 入池操作人员可用手电筒照明，切忌使用油灯、火柴、打火机等明火，防止气体爆炸，避免人员伤亡等恶性事故的发生。

6.5 沼气池安全

沼气池是严格密封的，池内充满了沼气，氧气含量极少，一些有机物在厌氧发酵环境下，会产生一些对人体有毒的气体，如果人进入沼气池内检修或清除沉渣时，事先不采取通风等安全措施，就会发生中毒、窒息事故。用户使用沼气及沼气池时，必须弄清其特性，掌握安全使用知识和技术，熟练掌握户用沼气安全操作规程。如果没有掌握安全使用方法，可能会导致安全事故，造成生命财产损失。因此，加强沼气安全知识普及，让农户和技术员学习掌握沼气安全常识及安全操作规程是十分必要的。

6.5.1 沼气的安全使用

沼气是一种易燃、易爆气体，其燃点为 537℃，比一氧化碳和氢气的燃点都低，微弱的火星就能使其燃烧。沼气的燃烧温度很高，最高可达 1200℃。在密闭状态下，空气中的沼气含量达到 8.8%时，只要遇到火种，就会引起爆炸。因此，必须安全使用沼气。

沼气用户在厨房的明显位置应张贴沼气安全使用常识。在使用沼气灶或沼气灯前，先点燃火柴，然后打开沼气开关，再点燃沼气灶或沼气灯。禁止在沼气池管口和出料口点火试气，以免引起回火，破坏沼气池；严禁使用明火检查接头和开关情况。

使用沼气灶时，不准离人，以防火焰被风吹灭或被水、油、稀饭淋熄产生沼气泄漏，引起室内空气污染、火灾、造成对人体的伤害。

沼气灶不准靠近输气管道、电线及易燃品，以防引起火灾。一旦发生火灾，应立即关闭沼气开关，切断气源。不准无压力表使用沼气灶，要安装并经常注意观察压力表水柱变化情况，当发现压力过大，要立即用气，放气，以防胀坏气室造成事故。

使用沼气时，不准先开气后点火，要先点燃引火物再扭开关，先开小火，待点燃后，再全部扭开，以防沼气喷出过多，烧到身体或引起火灾。

6.5.2 安全出料

沼气池安全出料和维修必须在持证技工的现场指导下实施。

大出料和维修一定要做好安全防护措施。敞开活动顶盖几小时后，先除掉浮渣，用抽渣车抽净池内料液，清水冲洗沼气池并将水抽出，用鼓风设备从进料口向池内鼓风，使进、出料口和活动盖口三口通风，排除池内残留沼气；下池前将小动物吊入池内进行实验，下池时系好安全带，池外必须有两名以上成人守护；下池人员在池内工作时感到头昏、发闷，要马上到池外休息；对停用多年的沼气池进行维修时要注意，严格按照操作规程办事。

进池出料和维修必须使用防爆灯具，严禁用蜡烛等明火，严禁在池内吸烟。

一般抢救：

(1) 一旦发生池内人员昏倒，应立即采取人工方法向池内输入新鲜空气。切不可盲目下池抢救，以免发生连续窒息中毒事故；

(2) 将窒息人员抬到地面避风处，解开上衣和裤带，注意保暖，并就近送医院抢救；

(3) 若池内着火，要从沼气池口往池内泼水灭火；

(4) 如果不慎人身上着火，应迅速脱掉着火的衣服，或卧地慢慢打滚，或跳入水中，或由他人采取各种办法进行灭火，严禁用手扑打或奔跑。灭火后，先剪开被烧衣服，用清水冲洗身上污物，并用清洁衣服或被单裹住伤口或全身，然后送医院急救。

6.5.3 沼气安全生产应对措施

1. 沼气泄漏

沼气是可燃气体，其中还含有硫化氢、一氧化碳等有毒气体。沼气泄漏有可能造成着火爆炸和人畜中毒、窒息死亡事故。防范措施：

（1）沼气池建好投入使用前，应全面检查输配管道、配件及安装是否合格，确保不漏气才能交付启用；

（2）应经常检查沼气输配系统是否漏气，如有漏气、破损或老化，应及时更换。

（3）要经常观察沼气压力的变化。当沼气池产气旺盛、池内压力过大时，要立即用气和放气，以防胀坏沼气池气室、冲坏池盖和向压力表充水，造成泄漏。

2. 沼气中毒、窒息

沼气使用不当（如超过一定浓度）会造成人畜中毒，严重的还会造成死亡。沼气生产是厌氧发酵过程，如果人直接进入，就会窒息死亡。防范措施：

（1）严防沼气泄漏。一旦泄漏，应迅速打开门窗通风，同时关闭沼气总开关。不得开灯或使用家用电器，也不能吸烟和使用明火。应待室内无味时，再检修漏气部位；

（2）沼气池检修，须由专业人员进行。入池检修前，应先将池内的发酵料液清除干净，所有盖板敞开1～2天，并向池内鼓风以排出残存沼气；用小动物放入沼气池做试验，如无异常，在池外监护人员的监护下方能入池，严禁单人操作；入池人员必须系好安全带，入池后如有头晕、发闷的感觉，应立即出池；如有人在池内晕倒，应立即人工向池内输入新鲜空气，并将其拉出池外，切不可盲目下池抢救；

（3）严禁在厨房和有沼气设备的房间住人；

（4）严禁将沼气热水器安装在浴室内；

（5）沼气使用时，切勿关闭所有门窗。

3. 沼气着火爆炸

沼气一旦泄漏或使用不当可能会着火爆炸，形成火灾和爆炸事故，造成人员财产损失。防范措施：严防沼气泄漏；严禁在沼气池周围吸烟或使用明火；严禁用明火鉴别新装料沼气池是否已经产生沼气；严禁在沼气池导气管口试火；严禁用明火检查各种开关、接头、输气管道是否漏气。严禁在室内和日光温室内放气。严禁在沼气灯、沼气灶、沼气饭煲、沼气热水器和输气管道旁堆放柴草、纸张等易燃物品，避免发生火灾。

4. 沼气池使用安全

沼气池天窗盖打开后，不准在池口周围点明火照明或吸烟，严禁使用明火。沼气池的进料间、出料间、水压间和贮肥间应加盖，以防人、畜跌入池内造成伤亡。要教育小孩不要在沼气池边和输气管道旁玩火，不要随便扭动沼气开关。沼气池要注意防寒防冻，冬季可以在沼气池上面覆盖温棚或者在进出料口的盖板上铺盖一些秸秆。沼气用户须准备必要的灭火器材，并掌握使用方法。不准不检查就使用，沼气池使用前，应紧固输气管道各接头，并用肥皂水检查各接头是否有漏气现象，确认无漏气现象后，方可投入正常使用。

不准无安全防护措施就下池。下池检修，一定要作好安全防护措施，先打开活动顶盖，抽掉上面的浮料和渣液，使进、出料口、活动盖口三口全部通风，敞开十小时，排除池内残留沼气。下池前要进行动物实验证明池内确系安全时，才能下池工作；下池人员要系好安全带，池外必须有专人看护，下池人员稍感不适，看护人员应立即将其拉出池外，到通风阴凉处休息。

6.6 沼气池的冬春季管理

6.6.1 沼气池安全越冬管理措施

进入冬季后，沼气池产气少，难管理，有些沼气池甚至出现冻裂。温度是沼气发酵的重要条件，温度适宜则细菌繁殖旺盛，活力强，厌氧分解和生成甲烷的速度就快，产气就多。冬季温度低，不利于沼气发酵产气。因此，加强沼气池的冬季管理十分重要。发酵温度通常划分为三个范围：46～60℃称为高温发酵，28～38℃称为中温发酵，10～26℃称为常温发酵。当发酵温度在8℃以下时，仅能产生微量的沼气。所以农村沼气池在冬天必须采取越冬措施，以保证正常产气。沼气池越冬管理的要领在于：

1. 加温促腐。目前农村普及较广的是普通水压式沼气池，在冬季需要覆盖保温。农民可在沼气池表面覆盖稻草、柴草、秸秆、堆肥或者加厚土层，覆盖面要大于池面，以防止冷空气进入而降低池内温度；在沼气池周围挖好环形沟，沟内堆沤粪草，利用发酵酿热保温；有条件的还可以建设塑料棚保温。换料、进料时，应注入20℃以上的污水，严防外水流入降低池温。

2. 加大浓度。冬季要及时补料，使料液浓度提高到15%左右，并以富含氮元素的鲜猪粪、鲜牛粪、鲜羊粪等作为发酵原料，而不能用干麦草、玉米秸秆等纤维类发酵原料，以缩小碳氮比差，加快甲烷菌群的繁殖，促进产气。

3. 充分搅拌。冬季低温条件下沼气池容易结壳、分层，需要加强搅拌。一般每3至4天，用人工搅拌或沼液回流搅拌，避免结壳、分层。

4. 管线保养。冬季低温条件下管线中容易形成冷凝水，需经常观察集水器，如发现有冷凝水应及时清除，避免堵塞。此外，还要尽可能将管道埋入地下或用稻草绳、碎布条、塑料薄膜包扎管道，防止冻裂；漏气、老化的管道、接头要及时更换。

5. 防池壁龟裂。如果冬季气温骤降，还容易造成池壁龟裂，对产气和沼气池的寿命危害很大，必须高度重视。如果发现池壁确有龟裂痕迹，必须修理。修理时须严格按《农村户用沼气池管理操作规程》，将池内清空，各项安全措施到位后，入池重新涂抹灰浆。先用清水洗净池内残留物，然后涂抹“一灰两浆”或“两灰三浆”，可极大提高产气量并延长沼气池的使用寿命。特别要提醒的是，修理沼气池应由专业的沼气施工人员进行，切不可擅自修理，否则有生命危险。

6. 新池不宜在冬季启用。冬季发酵困难，若在冬季启用新池，产气效果不好，对沼气池的长效使用会带来不利影响。同样的，也不宜在冬季进行大换料。专家提醒，沼气池严禁“空腹”过冬，老池在入冬前一般可取出三分之二的料液用于冬季施肥，然后加三分之一的新鲜原料，起到发酵增温保湿作用；新池应塞满秸秆、杂草堆沤发酵，以防池体冻裂，来年启用时再将堆沤物清除。未启用的新池虽不明显产气，但地下沼气池实际上处于半生产状态，应拔下导气管，以防冬季缓慢产气胀坏池体，或沼气外漏造成安全隐患。

6.6.2 户用沼气池的春季管理措施

近几年，随着“农村沼气化”工程的推进，沼气在农村的应用越来越普及，数量也在不断增大，“三沼”利用率也越来越高，效益也越来越好。但“三分建池，七分管理”，因为使用中常常会出现不同的问题，尤其是沼气池的春季管理更是难点和重点，所以，用好和管好沼气池已成为沼气用户迫切需要解决的一个问题。那么，在春季怎样才能管好沼气池，并提高沼气池的产气率呢？针对目前普遍采用的水压式户用沼气池的实际情况，根据相关的实践经验，在春季的使用管理上应采取以下几方面的技术措施：

1. 新建沼气池的春季管理

对沼气池的管理，要根据不同情况，因地制宜，分类指导，同样是新建的沼气池具体也要根据建池时间的早晚，采取不同办法，有所侧重地进行。

（1）冬前新建的沼气池的管理

①全面检查。对去年冬前新建的沼气池，首先检查一下沼气池是否有冬季冻烂、冻裂现象，如果发现冻烂、冻裂的沼气池要进行及时维修，然后进行试水、试压，达到不漏水、不漏气后方可投料。②科学投料。投料时要用充足的接种物，而且碳、氮比例要适宜，过酸、过碱都影响沼气池的正常产气；接种物一般用老沼气池里的沼液最好，如果没有老沼液也可用农村污水沟里污泥代替，起到发酵快的作用；再就是要注意不要加入有冻块的粪料，加水要用温水或晒过的水；进沼气池的原料首先要堆沤，堆沤的原料投入沼气池发酵快，可使沼气池中甲烷含量直线上升，加快产气速度，提高产气量。

（2）开春后新建沼气池的管理

首先，对于今年开春后新建的沼气池，一定要低负荷（6%以下浓度）启动，等产气正常后，再逐渐加大负荷，直到设计的负荷；另外，新装料的沼气池，加入池内的水温应控制在35℃以上。除了加入30%左右的优质活性污泥和经过堆沤的优质原料外，启动2～3个月以后，每天应保持20kg左右的新鲜畜禽粪便入池，以保持发酵浓度。第三，要经常搅拌沼气池内发酵原料，打破上层结壳使沼气细菌生活环境不断更新，使原料与沼气细菌能充分接触，提高产气率。第四，要保持沼气池内发酵料液适宜的浓度。实践经验证明，发酵原料浓度一般6～

12%即可。夏季不得低于6%，冬季不低于12%。第五，要随时监控pH值。因为沼气细菌适宜在中性或微碱性的环境下生长繁殖，一般出现偏酸的情况较多，特别是在发酵初期，由于投入的纤维类原料较多而接种物不足，会常使酸化速度加快，致使pH值下降到6.5以下，抑制沼气细菌生长，使产气率下降，解决这种情况的办法是及时抽换料液（1/2左右）或加入石灰澄清水等方法。恢复其pH值，使之能正常产气。

2. 老沼气池的春季管理

（1）及时检查。上年正常运行要先检查一下沼气池体有无受冻，如发现冻裂、冻烂的池子，要及时修复，管道、气压表等易损件要经常检查有无损坏，如果发现冻裂、冻坏的零部件要及时更换。

（2）要及时进出料。为保证沼气池细菌有充足的食物和进行正常的新陈代谢，使产气持久，就要不断地补充新鲜的发酵原料，更换部分旧料，做到勤加料、勤出料。春季进料一般每隔7～10天进、出料的各5%为宜。原则上是出多少进多少，顺序为先出后进，出料时应使剩下的料液液面不低于进料管和出料管的上沿，以免池内沼气从进料管和出料管跑掉，出料后要及时补充新料。

（3）要及时掌控发酵环境。要经常测定和调节发酵液的pH值，沼气细菌适宜在中性或微碱性环境条件下生长繁殖（pH值6.8～7.6），酸碱性过强（pH值小于6.6或大于8）都对沼气细菌活动不利，使产气率下降。为保证沼气发酵不遭破坏，必须禁止加入各种大剂量的发酵阻抑物，特别是剧毒农药和各种强杀菌剂。要加速产气，可采取以下调整措施：①加入适量的草木灰；②取出部分发酵原料，补充相等数量或稍多一些含氮发酵原料和水；③将人、畜粪尿拌入草木灰，一同加到沼气池内；④加入适量的石灰水澄清液，但不能加入生石灰，把加入池内的澄清液与发酵液混合均匀，避免强碱对沼气细菌活动的破坏。

（4）要及时搅拌。冬季正常使用沼气的农户，在晴天的中午，一般周期在10天左右，分2～3次共计出料1m^3左右，并进行多次长时间的搅拌，使料液充分混合，以达到最佳产气效果。

冬季没有正常使用沼气的农户，要进行多次长时间的搅拌，为使料液充分混合，必须将沉降在沼气池底部的原料全部搅起来，抽出200～500kg，从冬季正常使用的沼气池中抽取等量的沼渣加入，并加少量新鲜原料，使产沼气的细菌大量繁殖，有气体产生后，必须进行放气、试火等程序，经过一段时间后，沼气才能正常使用。

3. 病池的管理

春暖花开，气温逐渐回暖，农户使用了一个冬天的沼气池，常常会出现产气质量一天不如一天，火焰由黄到红的现象，也就是俗称的“春病”。这主要原因是因为农户没有注意调节粪的浓度，冬天沼气池粪多水少，提高了发酵浓度，保证了冬天沼气池正常使用。而入春后，气温上升却没有及时加水稀释调节造成的。

处理方法：春节过后就应该加大水量，抽出部分的沼渣，以夏季的发酵原料浓度加入原料，逐渐替换出冬天高浓度的发酵原料。对于得了“春病”的沼气池，轻者（火焰由黄到红开始跳舞时）加入石灰水，降低发酵原料的浓度，几天后就可以使用；重者（点不着火时）加入石灰水，降低发酵原料的浓度后，重新加入好的沼液。对于停用一个月以上的沼气池需将老液抽出一半，再以6%的浓度重新加入发酵原料与沼液。

7 沼气池与配套设备常见故障及解决方法

7.1 沼气发酵过程中的常见问题与处理方法

下面介绍几种在沼气发酵过程中产生问题的常见原因及处理方法。

1. 刚刚建成投入使用的新池子，加料很久不产气或产气点不着；开始产气好，过一段时间就差了；进、出料口不冒泡

故障原因：加水过凉，温度太低；发酵料液变酸；没有加接种物；加入的发酵原料中，含有能杀死沼气细菌的有毒物质。

处理方法：发酵原料先堆沤，发热后进料，要加经太阳光晒热的温水；先用pH试纸测定，确定偏酸性，再用石灰水或草木灰中和；加入含沼气细菌的接种物，如活性污泥等；重新换料。

2. 发酵原料充足，但产气不足

故障原因：进、出料口经常冒气泡、浮渣结壳。

处理方法：打开活动盖板，搅拌发酵原料。

3. 大换料3个月后，产气越来越少

故障原因：一般为原料不足。

解决方法：添加新料。

4. 沼气压力表上的水柱虽高，但火力不足

故障原因：沼气中含甲烷量少，发热量少。

处理方法：调节好发酵原料的酸、碱度，添加含产甲烷菌多的活性污泥。

5. 长期以猪粪作沼气池的发酵原料，气压高却点不着火或燃烧时间短

故障原因：传统的养猪习惯以粮食喂猪为主，猪粪中的碳氮比含量为C∶N＝13∶1，而在其他条件都具备的情况下，适当的碳氮比含量为C∶N＝25～30∶1

时，才能保证正常产气，所以会出现点不着火情况。

处理方法：利用每年春秋季大出料的时机向沼气池中加入一定量的牛粪；在平常加料的过程中可适当添加适量的富碳原料，如：麸皮、秕壳、碎秸秆等农作物的残余物。

6. 发酵原料充足或料液发酵正常，但产气量不足

故障原因：发酵料液在池中形成沉淀或料液表面形成结壳。

处理方法：坚持经常性地搅拌沼气池发酵料液。

7. 沼气池及输气管路等出现漏气现象

故障原因：输气管路等不漏气，但气压不上升且人为加压后，又较快降压一个压力以上，说明沼气池发酵间漏气；水封圈有气泡或密封胶泥局部变黑，密封盖漏气；安装沼气的房间能闻到臭鸡蛋味或硫磺味，输气管路、开关漏气或净化器 U 形壶的密封盖破裂；只在做饭或点灯时能闻到臭鸡蛋味，脱硫剂失效。

处理方法：剔除表面密封剂，重新粉刷 2～4 遍后，再刷密封剂；重新封盖，水封圈加满水，长期保证水封圈有水；用放有洗衣粉或洗洁精的水查找漏气部位，更换损坏的零部件；更换净化器中的脱硫剂。

7.2　病态沼气池及维修

所谓“病态沼气池”，就是指沼气池建成后，出现漏气、漏水或其他问题，不能正常发酵、产气的沼气池。

7.2.1　确定病态沼气池的方法

“病态池”的产生一般有两种情况，一是由于漏水漏气而产生产气不足的病态；另一种是因发酵受到阻抑而产生不能正常产气的病态。前者是沼气池本身的问题，应采取措施进行修补。后者是发酵过程中酸化与甲烷化不平衡所造成，为肉眼看不到，只有进行微生物和生物化学分析才能查明。通过实验表明产气的好坏与乙酸的关系甚大。产气好的沼气池乙酸含量在 0.2%以下；产气差的沼气池，乙酸含量在 0.2%以上。

造成乙酸大量积累的原因有 3 点：①发酵原料过浓，产酸量大；②酸性原料

过多；③甲烷菌种缺乏，酸的利用率不高，也就是酸化和甲烷化不平衡，酸大量积累。

从沼气发酵的角度来看，产生“病态池”的根本原因是配料不当，管理不善和缺乏甲烷菌种，以致挥发酸大量增加，pH 值下降，造成发酵停滞。解决的办法是加入污泥菌种，或加入大量老沼气池发酵液，以达到甲烷菌种丰富，积累的挥发酸加以稀释。通过处理使发酵恢复正常，提高产气量。

对病态池的确定方法应从三个方面进行：首先要搞清病态池故障的原因及性质，是由于沼气池本身漏水漏气，还是发酵受阻或是输气系统漏气造成的；其次弄清造成病态池故障的原因，是哪方面造成的；最后搞清病态池渗漏的严重程度和需要维修的准确部位。

诊断病态沼气池的方法是一问、二看、三检查：

一问就是向用户询问使用情况。弄清楚是一向如此还是近期突然变故。如系前者，则多半是进料少或池体密封差；如系后者则多半是管道损坏或有害物质进入池中，或沼气池胀裂。

二看就是现场察看。看管道安装是否合理，有无松动；水压间内料液升降高度痕迹和料液浓度如何，以便进一步的判断。

三检查就是查整个沼气系统。一般先从管道入手，试压检查输气系统是否漏气，如果不漏气，就要检查池体。如果沼气池内有发酵原料，则采用正负压检查，断定是否产气慢，还是漏气等原因。如果沼气池已出空，先用直接检查法，仔细观察沼气池内外有无裂缝，孔隙导气管是否松动，用小木棒叩击池内各个部位，如果有空响说明抹灰层翘壳。还要观察池壁是否有渗水现象，对于不明显的渗水部位，可在其表面均匀地撒上一层干水泥，如出现湿点或湿线，即为漏水小孔或漏水缝。

常见漏气漏水部位有：拱顶与池墙的衔接处、发酵池与进出料管衔接处、池墙与池底的衔接处、预制件之间的接缝、导气管周围、顶圈口号拱顶转角处，以上部位一定要认真检查，哪个部位出现问题就进行补修哪个部位即可。

7.2.2 病态池常见故障类型及产生原因

1. 常见的故障类型

病态池按故障的严重程度和发生部位分为严重故障、一般故障和小故障三种类型：

严重故障是指沼气池壳体部分受到损伤，如池墙裂缝；池底裂缝或局部沉陷；拱顶与池墙连接处裂缝；拱顶与顶口圈裂缝等造成漏水、漏气，这要经过大修才能恢复正常。

一般故障是指粉刷密封层起壳、龟裂、进出料管断裂；进出料管与池墙连接处裂缝；换料时池体受到机械损伤或其他原因造成的漏水漏气，这要经过中修才能恢复。

小故障是指壳体与粉刷层基本完好，但由于气箱或池墙部分有少量砂眼和毛细孔造成慢性漏气、渗水；或是沼液中的有机酸和碎硫化氢等对气箱内壁水泥浆发生腐蚀；或活动盖封闭不严；或导气管松动等，通过小修即可恢复。

2. 病态池产生故障的原因

设计布局及施工方面原因，地址选择不当，地下水没处理好；没按图纸设计要求施工，壳体强度不够；地基土质过松软或松紧不均匀，没有采取加固措施，使池子受力不均而胀裂或沉陷；进出料管与池体结合部位衔接不好，池体下沉时使连接处裂缝；施工工艺不合要求，如水灰比和砂石级配不当，混凝土有蜂窝面空洞，养护不良；粉刷质量差，压抹不实，毛细孔多；密封层次不够；粉刷层与壳体粘结不牢等。

材料方面的原因，如水泥及混凝土等建材标号不够；混凝土和砂浆级配不符合要求，砂石含杂质多。

管理方面原因，在使用过程中，池内贮气气压过高，试水试压或大出料时速度过快，造成正负压过大；建池时养护不好，太阳暴晒或冰冻，使混凝土产生细微的收缩、龟裂；在出料后长期空池造成干裂或浸水胀坏沼气池等。

7.2.3 维修病态池的方法

沼气池在使用过程中，常常会出现一些病态。如果发现问题应及时维修。这是提高沼气池使用效率，消除安全隐患的重要措施。

1. 池墙裂缝的维修：将裂缝凿深、凿宽，凿成“V”形，周围拉毛，清除碎屑，刷上一道素水泥浆，再用1：2的水泥砂浆嵌实、抹光。如“V”形槽较浅，修补后表面可比周围略高，然后再刷两遍素水泥浆。

2. 池墙与池底连接处裂缝的维修：先将裂缝凿深、凿宽，再将池底边缘联池墙下缘凿毛、清洗后，刷一遍素水泥浆，然后用1∶2的水泥砂浆嵌补压实后，再刷一遍素水泥浆。隔24小时后，再用1∶2的水泥砂浆，将池墙与池底连接处抹成大圆角，最后刷一遍素水泥浆。

3. 池底沉陷的维修：挖去开裂破碎部分，清除松软土基，用碎石或块石填实，并在填层上浇筑C15混凝土，厚5cm，表面粉刷1∶2的水泥砂浆一遍。注意修补面应超过损坏面。

4. 拱顶与圈梁裂缝的维修：去掉拱顶覆土，直至露出圈梁外围。拱顶出现裂缝的，要在内外两面同时按照墙壁裂缝的处理方法进行修补。修补好后，将圈梁外围的泥土夯实，然后重新填实覆土层。若是圈梁断裂的，则应先修补圈梁。将圈梁外围凿毛洗刷干净，刷上一遍素水泥浆，用C15混凝土在圈梁外围浇筑一圈加强圈梁，内放Ⅰ级钢筋2根。待加强圈梁混凝土达到50%以上强度后，再回填覆土层。

5. 粉刷密封层的脱落维修：对出现脱落、翘壳、龟裂等粉刷成片损伤的病态池，应将损伤部位铲净凿毛，再采用五层抹面水泥砂浆防水层的方法进行密封层的粉刷。第一层为素灰层，先抹1mm素水泥浆作为结合层，用铁抹子往返压抹几遍，然后再用1mm素水泥浆抹平，并用毛刷将表面拉成毛纹。第二层为水泥砂浆层，配合比例为1∶2.5，厚4.5mm。第二层做完后，隔一天抹第三层，上素水泥浆，厚2mm。接着抹第四层，厚4～5mm。待砂浆有点潮湿，但不沾手时做第五层，用毛刷依次均匀刷素水泥浆一遍，稍干净表面压光即可。

6. 漏水的维修：对漏水孔，采用水玻璃拌制水泥浆进行堵塞。水泥与水玻璃的配合比例为1∶0.6。随配随用，将水泥胶浆堵塞漏水孔中，压实数分钟结硬后即可堵住。

7. 慢性渗透的维修：对少量砂眼、毛细孔造成的慢性漏气漏水的沼气池，可将发酵池中渗漏的部分洗涮干净，然后用素水泥浆刷2～3遍即可。

一般漏气毛病比较好处理，如导气管松动，则用水泥砂浆加固护座，内加密封；拱顶轻微漏气则用较浓的水泥浆排刷三次；池壁翘壳，则铲除重新仔细粉刷；活动盖松动，重新封闭。

8. 导气管与活动盖交接处漏气的维修：导气管未松动，周围漏气的，可将导气管周围内外两面的混凝土凿毛，洗涮干净，刷素水泥浆一遍，再用 1∶2 的水泥砂浆嵌补压实，然后在内外表面刷两遍素水泥浆；若导气管已松动，可拔出导气管，将导气管外壁表面刮毛，重新灌注较高标号的水泥砂浆，并局部加厚，以确保导气管的固定。

9. 对于活动盖口下圈碰伤的维修：将表面刮毛，洗刷干净，刷一遍素水泥浆，再用 1∶2 水泥砂浆修补，然后刷素水泥浆。对于碰损较轻的部位，刷 1～2 遍素水泥浆即可。

10. 进、出料管裂缝或断裂的处维修：应将有裂缝或断裂的管子挖出，进行重新安装。安装前必须将管子外侧刷素水泥浆 2～3 遍，填入后在连接处用 C20 细石混凝土包接。

7.3 沼气用具常见故障和处理方法

沼气用具一般包括沼气灶、沼气灯、沼气热水器、沼气饭锅等配套设备，其中沼气灶和沼气灯是农村沼气利用中最主要的配套设备，而沼气用具在使用中会遇到各种各样的情况，因此常常会出现这样或那样的问题，为保证有效利用沼气和用气安全，下面就使用过程中常见的故障和相应的处理方法做简要介绍。

7.3.1 沼气灶的常见故障判断和处理方法

1）压力表上的压力显示值较高，但灶具火力不强

产生原因：开关孔径太大；喷嘴堵塞。

处理方法：更换开关，清扫开关蕊孔；将喷嘴拆下清扫。

2）灶具燃烧时，火力时强时弱，灯具一闪一闪，压力表上下波动

产生原因：输气管道内有积水，阻碍沼气输送。

处理方法：取下输气管，排除管道内积水；加装气水分离器。

3）沼气灶燃烧火焰微弱，喷嘴前出现火焰

产生原因：燃烧器火孔较大，烧一定时间后，火孔过热；沼气压力低，引起回火。

处理方法：提高沼气压力，调节风门或更换火盖；适当提高锅架高度，降低火孔温度。

4）电点火沼气灶、沼气灯点火困难

产生原因：沼气压力太高；点火针位置偏斜；电池电压太低。

处理方法：点火时压力降低一些，点着后，再调到正常压力；调整点火针与支架间距 4～6mm；更换干电池（脉冲点火器）。

5）沼气灶火焰大小不均、减弱或波动

产生原因有下面几种情况：燃烧器放偏、喷嘴没有对中或者火孔堵塞；火盖火孔因腐蚀而变小；在输气管中或灶具中积存有冷凝水。

处理方法：清除喷嘴中的障碍物，清洁火孔；修整燃烧器；排除输气管道和灶具中的积水，在输气管道上加装气水分离器。

6）火焰长而弱，东飘西荡

产生原因：供应的沼气太多，空气不足，特别是一次空气量不足，使沼气燃烧不完全。

处理方法：关小灶前的沼气开关，控制适当的灶前沼气压力；开大调风板，增加一次空气量；转动喷嘴直至产生短而有力的浅蓝色火焰为止。

7）火焰摆动，有红黄闪光或黑烟，甚至有臭味

产生原因：一次空气供给不足；燃烧器堵塞；二次空气不足。

处理方法：加大喷嘴和燃烧器的距离；清除燃烧器上的阻碍物。

8）火焰过猛，燃烧声音太大

产生原因：一次空气量过多；灶前沼气压力太大。

处理方法：关小调风板；控制灶前开关，调节灶前压力。

9）点不着

产生原因：输气管道堵塞或折偏。

处理方法：理顺输气管或清除输气管道内杂物。

10）火焰脱离燃烧器

产生原因：喷嘴堵塞；沼气灶前压力太高；一次空气过多；沼气热值较小，即甲烷含量低。

处理方法：清除喷嘴中的障碍物；参考沼气灶使用的注意事项，控制灶前压

力；除了沼气池刚启动时甲烷含量低的情况外，参考有关沼气池管理部分中讲述的日常管理内容和及时处理病态池，提高沼气中甲烷的含量。

11）沼气灶的外圈火焰脱火

产生原因：灶具使用一段时间后，燃烧器上的火孔被堵塞，火孔面积减小，造成一次空气引射不足。

处理方法：取下火盖轻轻振动，或者用细铁丝穿通被堵塞的火孔；当不能恢复原状时，应更换新火盖。

12）开关上的旋钮转不动，开度不够

产生原因：旋钮开关生锈被卡，尤其是在停止使用一段时间后，重新使用时容易出现；或者缺少润滑油。

处理方法：拆卸、清洗旋钮开关，添加或滴加润滑油后重新组装。

13）电子脉冲灶停止使用一段时间后，再次使用，点不着火

产生原因：停止使用前，未取出电池，电池漏液腐蚀了电池盒上的电极。

处理方法：更换损坏的电池盒和电池。

14）漏气或有异味

产生原因：输气管道破损造成漏气；配件接头松动漏气；燃气阀的大小燃气管和燃烧器的大小燃气孔之间的连接不严密。

处理方法：更换输气管；检查配件接头，更换损坏的配件或紧固接头；重新连接严密燃气阀的大小燃气管和燃烧器的大小燃气孔。

15）电子脉冲灶点着火后，仍发出脉冲打火时的“嗤嗤……”声

产生原因：点火后，旋钮开关的弹簧未回位，导致开关未完全关闭。

处理方法：把旋钮开关提起复位。

16）电子脉冲灶打火不灵或着火率低

产生原因：点火针被氧化；电路的触点接触不良；电池接触不良。

处理方法：用细砂纸打磨点火针，除去氧化层；用细砂纸打磨相关触点，除去氧化层；重新安装电池。

17）回火

产生原因：一次空气量过多；烹饪器具与火盖距离过小，造成燃烧器过热；火盖杂质过多，使气流不通。

处理方法：关小调风板，至火焰呈蓝色、短而有力；提高烹饪器具的高度，达到正常燃烧；清理火盖上的杂质，清通火孔。

18）电子脉冲灶的电池盒或导线盒被烧坏

产生原因：夏季时，沼气灶前压力太大，远超过灶具燃烧气压，灶具燃烧的火焰太高；使用中当火焰太高时，未及时调节调风门，混合气中的一次空气量偏小。

处理方法：调小灶前开关，适当降低使用时的沼气灶前压力至额定工作压力；调节调风门，增大一次空气量，使火焰呈蓝色，形成短而有力的状态。

7.3.2 沼气灯的常见故障判断和处理方法

现象1：灯光由正常变弱

产生原因：①沼气不足，压力降低；②喷嘴堵塞；③吸入了废气。

处理方法：①调大进气开关开启度，加大沼气量；②用针或细钢丝疏通喷嘴；③排除废气干扰。

现象2：纱罩壳架外有明火

产生原因：沼气量过大；沼气量合适，一次空气不足；喷嘴孔不正。

处理方法：调小进气开关开启度，减少沼气量，调至不见明火、发出白光、亮度最佳为止；增大调风门开启度，开大一次空气进风口（风门），增加混入的空气量；更换喷嘴。

现象3：沼气虽多，但灯不亮，灯光发红无白光

产生原因：纱罩质量不佳；调风孔的位置未调好；喷嘴孔径过小或堵塞，沼气流量过小。

处理方法：更换好的纱罩；摸索操作经验反复调试；清理喷嘴，加大沼气量。

现象4：灯不亮，灯光发红无白光

产生原因：引射器进气孔径过小或出气孔堵塞，沼气量不足，空气太多；沼气量偏大，空气量偏小；最大进风位置时，沼气量仍然偏大，引射器的进气口孔径过大；沼气与空气混合不均匀；纱罩质量不合格或者受潮。

处理方法：更换合格引射器或用钢丝疏通引射器出气孔，提高沼气压力，加

大沼气量；调节风量，增加混入的空气量，调至灯光发白，亮度最佳为止；更换合格的引射器；调整喷嘴与调风门的进风中心位置完全重合；更换纱罩。

现象 5：纱罩破裂、脱落、损坏

产生原因：耐火泥头破碎，中间有火孔；沼气压力过高；纱罩未装好，点火时受碰。

处理方法：更换新泥头；控制灯前压力为额定压力；装上玻璃罩防止蚊蝇扑撞。

现象 6：玻璃罩碎裂

产生原因：带着玻璃灯罩烧纱罩，玻璃本身热稳定性不好；纱罩破裂，高温热烟气冲击；沼气压力过高；纱罩带火焰燃烧，造成玻璃灯罩受热不均匀而发生破裂。

处理方法：烧纱罩时，应不要安装玻璃灯罩，采用热稳定性好的玻璃罩；及时更换损坏的纱罩；控制沼气灯的压力不要过高；灯在使用时，不允许有明火，通过上述消除纱罩上的明火的方法进行调整。

现象 7：沼气灯点不亮或时明时暗

产生原因：沼气甲烷含量低，压力不足；喷嘴口径不当；纱罩存放过久受潮质次；喷嘴堵塞或偏斜；输气管内有积水。

处理方法：增添发酵原料和接种物，提高沼气产量和甲烷含量。选用适宜的喷嘴，调节进气阀门。选用 100～300W 的优质纱罩。疏通和调整喷嘴。排除管中的积水。

7.3.3　沼气热水器的常见故障判断和处理方法

现象 1：热水器有小火无大火

产生原因：水气联动阀水膜损坏；水压力太低。

处理方法：更换水气联动阀水膜；提高水压力。

现象 2：沼气压力正常，热水器燃烧一段时间后熄火

产生原因：熄火保护传感元件出故障，使热水器熄火。

处理方法：更换熄火保护传感元件。

现象 3：燃烧火焰不稳定或发黄

产生原因：燃烧不畅，排烟系统及烟道局部堵塞。

处理方法：清除堵塞物；报送专业人员检修。

现象 4：燃烧火力不足

产生原因：水压不稳定，突然降低；停水；停气；火焰探针与连接导线连接松脱，或火焰探针损坏。

图 7-1 沼气增压泵

处理方法：检查水源压力，水压必须符合要求才能使用热水器，可以安装高位水箱或增压泵（如图 7-1）；寻找原因，恢复供水；寻找原因，恢复供气；将火焰探针与连接导线紧密连接，或更换火焰探针。

现象 5：关闭冷水或热水后，燃烧火焰不熄灭

产生原因：水气阀失灵，水气阀中的薄膜未带动阀杆移动，没有关闭沼气电动阀切断气路。

处理方法：这是非常严重的问题，必须停止使用热水器，立即报送专业人员检修。

现象 6：水温太低

产生原因：环境温度太低，沼气量不足，超过热水器供热能力和使用范围；沼气量适当，但水量太大；水量适当，沼气量偏小。

处理方法：暂停使用热水器，等环境温度升高和沼气量增加后，达到热水器使用范围时再使用；减小水温旋钮开关的开启度，调高水温，减少水量，直到水温合适为止；调大沼气旋钮开关的开启度，增加沼气量，直到水温合适为止。

现象 7：点不着火

产生原因：沼气开关未打开；电池电压不足；水的压力不够，微动开关未接通，导致脉冲点火控制器电源未接通；点火导线和点火针出问题，如点火针尖不干净，点火导线孔与点火针接头的连接松脱；点火针变形，或与燃烧器喷嘴之间的放电间隙不符合要求。

处理方法：打开沼气开关；更换电池；水压必须符合要求才能使用，可以安装高水位的水箱或增压泵；清理干净点火针尖，将点火导线孔与点火针紧密连

接；校正点火针，将放电间隙调整到符合要求的位置。

现象8：水温太高

产生原因：沼气量适当，但水量太少；水量适当，沼气量偏大。

处理方法：调大水温旋钮开关的开启度，增加进水量，调低水温，直到合适为止；调小沼气旋钮开关的开启度，减小沼气量，直到水温合适为止。

现象9：打开热水开关，不出热水

产生原因：冷水开关未打开；水压太低，气路未打开，燃烧器未工作。

处理方法：打开冷水开关；暂停使用。

现象10：水温不稳定

产生原因：气源、气量不稳定。

处理方法：应在沼气压力稳定、气量充足的时候使用。

现象11：只出冷水

产生原因：水压太低，气路未打开，燃烧器未工作。

处理方法：暂停使用。

7.3.4 沼气饭煲（饭锅）的常见故障判断和处理方法

现象1：点不着火

产生原因：气源开关未打开；电池电压不足；点火元件出问题，如点火针尖不干净；点火导线与点火针尖接头处松脱；点火针与沼气喷孔之间的放电间隙不符合要求；沼气阀的大、小喷孔被堵塞；燃烧器的沼气进口、大火头喷嘴被堵塞。

处理方法：打开沼气开关；更换电池；清理干净点火针尖，将点火导线与点火针尖接头处连接紧密；校正点火针，将放电间隙调整到要求的位置；用钢丝或针疏通沼气阀的大、小喷孔；用钢丝或针疏通燃烧器的沼气进口、大火头喷嘴。

现象2：煮焦饭或生饭

产生原因：水量不适当；感温表面不干净，接触不良；内锅的凹台面不干净或变形，接触不良；感温表面与内锅的凹台面接触良好，而电子脉冲点火燃烧控制装置损坏。

处理方法：加入适量的水；清理干净感温表面，保证接触良好；清理干净内锅的凹台面，保证接触良好，如果不行则更换内锅；请专业人员检修。

现象3：燃烧火焰不正常

产生原因：沼气压力过大或过小；沼气阀的大、小喷孔被堵塞；燃烧器的沼气进口、大火头喷嘴被堵塞。

处理方法：暂停使用；调整沼气饭煲前的压力至额定压力；用钢丝或针疏通沼气阀的大、小喷孔；用钢丝或针疏通燃烧器的进口、大火头喷嘴。

7.4 沼气池常见故障与处理方法

7.4.1 沼气池不产气的原因及防范措施

1. 不产气的原因

新型沼气池技术的推广、建设在广大农村得到了快速发展。但是，一些农户由于缺乏沼气技术知识、管理使用不当，致使新建的沼气池在既不漏水、又不漏气的情况下，产气缓慢或产气点不着火，甚至不产气。下面，将在实际生产中引起沼气池不产气的原因介绍如下：

（1）发酵原料没有进行预处理而直接入池。这种现象比较普遍。

由于池内发酵较池外堆沤发酵温度低，产甲烷菌繁殖缓慢、数量少，造成沼气池长期不能正常产气。

（2）加水过凉或封盖启动温度低。沼气细菌在8℃～60℃范围内都能进行发酵，但料液温度在12℃以下时产气很少。当加水过凉或在寒冷的季节投料封盖时，池内料液温度低，发酵缓慢，即使经过较长时间的运行能够产气，所产生的气体也主要是原料经酸化作用产生的二氧化碳，不能点燃。

（3）发酵原料过多或过少。料液在发酵过程中要保持一定的浓度才能正常产气，通过发酵料液的浓度在6%～10%较为适宜。由于在发酵过程中产酸细菌繁殖快，产甲烷细菌繁殖慢，原料的分解消化速度超过产气速度，所以当发酵原料过多、发酵液的浓度过大时，就容易造成有机酸的大量积累，使发酵受阻。相反，如果发酵液的浓度过稀，有机物含量少，产气量就少。

（4）发酵原料碳氮比不合适。正常的沼气发酵要求一定的碳氮比。在实际应用中，原料的碳氮比以20～30∶1较为适宜。当单独用猪粪、鸡粪、人粪等碳氮比低的原料发酵时，由于这类原料在沼气细菌少的情况下料液容易酸化，使发酵不能正常进行。

（5）投入池中的发酵原料营养已耗尽。有时农户在启动沼气池时使用的是堆了很长时间的粪便，由于粪便在长期堆放过程中已自然发酵，耗尽了营养，因此不能产气。

（6）发酵原料含有饲料添加剂和抗生药物的成分或喷洒了农药。在现代养殖业中，养殖户为控制畜禽的疾病和促进畜禽的生长，使用了大量的饲料添加剂和各种抗生药物。这些成分残留在猪粪中，使猪粪里含有杀菌和强烈抑制甲烷菌生长繁殖的元素，致使不能产气。而有的沼气用户使用的是喷洒了农药的粪便，造成产沼气细菌中毒，停止繁殖，不能产气。

（7）沼气池中投入了有害物质。如各种剧毒农药；重金属化合物；含有毒性物质的工业废水、盐类；喷洒了农药的作物茎叶；能做土农药的各种植物；辛辣物如葱、蒜等的秸秆；电石、洗衣粉、洗衣服水等。池内的沼气细菌接触到这些有害物质时就会中毒，轻者停止繁殖，重者死亡，造成沼气池不能产气。

（8）池中投入了大量碱性物质。沼气用户在启动沼气池时，往往要投入草木灰、石灰澄清液等碱性物质，来调节发酵液的酸碱度，达到早产气的目的。当碱性物质投入量过大时，则会使发酵液呈碱性，抑制沼气细菌的生长，造成沼气池不产气。

（9）投入池中的接种物不够。接种物少也是造成沼气池产气缓慢的原因之一。

2. 防范措施

避免以上情况的发生，沼气池在第一次投料时应采取以下方法来保证正常产气：

（1）选用优质发酵原料。选择牛粪、马粪或羊粪作启动的发酵原料，这些粪便原料颗粒细，含有较多的低分子化合物，其碳氮比在20～30∶1之间。用以上粪便做发酵原料启动快、产气好。如果用猪粪作发酵原料，由于含氮量较高，需加入约占主体原料30%的牛粪。注意不要单独用鸡粪、人粪作为启动原料。因为在沼气细菌少的情况下，这类料液容易酸化，使发酵不能正常进行。

（2）原料堆沤。原料在入池前先堆沤一段时间，促其腐熟。如果粪便做原料应尽量选用新鲜的，在粪堆上加盖塑料膜以便聚集热量和菌种的繁殖。气温在20℃以上时堆沤2～3天，气温在15℃左右时，将其倒垛一次，使发酵均匀。

（3）发酵料液的浓度及投料量。发酵料液的浓度指的是原料的总固体（或干物质）质量占料液重量的百分比，一般采用总固体（或干物质）重量占料液重量的百分比，一般采用6%～10%。在这个范围内，气温高时采用较低浓度，气温低时采用较高浓度。以牛粪为例，每100kg鲜牛粪中的干物质含量为17kg，要配制1000kg浓度为6%的发酵料液，需添加353kg牛粪、647kg水。沼气池第一次投料量为池子容积的80%，最大投料量为85%。加水最好采用经过晾晒的水，以提高发酵料液的温度。

（4）加入足量的接种物。为了加快沼气发酵启动的速度和提高沼气的产气量，要向沼气池中投入含有丰富沼气细菌的接种物。以老沼气池发酵液作为接种物为佳，也可用粪坑液、污水沟的污泥等作为接种物，接种量要达到发酵原料的10%～30%。

（5）调节好发酵料液的酸碱度。沼气细菌宜在中性或微碱性的环境中生长繁殖。池中发酵料液的酸碱度（pH值）以6.8～7.5为佳。沼气池启动初期，由于产酸菌的活动会生成较多的有机酸。为加速产气，可加入适量的草木灰或石灰澄清液调节pH值。

采用以上方法处理后，封好沼气池的活动盖。当沼气压力表上的水柱达到40cm以上时，应放气试火，一般放气1～2次后所产沼气即能点燃，说明沼气发酵已正常启动。

7.4.2 沼气池使用过程中的常见故障诊断与排除

（1）压力表水柱上升很慢，产气量低，一时弄不清产气少还是漏气可用正负压测定。如第一天24小时内压力表水柱由零上升到10cm，从导管处将输气管拔下来，把沼气全部放掉，在导气管处临时装一个U形压力表。从水压间内取出若干担沼液，使沼气池内变成负压。如果沼气池有漏洞池内的沼气不会漏出来，只会把池外的空气吸进去。再过24小时，把取出的沼液如数倒入水压间内，观察压力表水柱上升高度，如果与第一次水柱高度相同，说明不漏气而是产气慢；

如果比第一次高了许多，说明沼气池漏气。

同时对输气系统也应进行试压检查是否漏气。如系统漏气，应检查出漏气处，进行修理；如属产气慢，一是发酵原料不足，浓度太低，产气少；或虽然原料多，但很不新鲜，营养元素已经消化完了，使沼气细菌得不到充足的营养条件；二是池内的阻抑物浓度超过了微生物所能忍受的极限，使沼气细菌不能正常生长繁殖，这就要补充新鲜发酵原料或者要大换料了；三是原料搭配不合理、人、畜粪便（干物质）太少。

（2）投料后产气很少甚至不产气，有气烧不燃或燃烧不理想，这种情况多见于冬季气温低的时候。原因是：沼气池密封性不强，可能漏水或漏气；输气管道、开关等可能漏气；缺乏产甲烷菌种，挥发酸的利用率不高，不可燃气体成分多；配料过浓或青草太多使挥发酸积累过多，抑制了产甲烷菌的生长；可能是池温太低。

处理办法：新建沼气池及输气系统均应进行试压检查，必须达到质量标准，保证不漏水不漏气才能使用；排放池内不可燃气体，添加菌种，主要是加入活性污泥或者粪坑里的泥土、老沼气池中的粪渣液，或换掉大部分料液；注意调节发酵液的 pH 值为 6.8～7.5。判断发酵液过酸，除用 pH 试纸测试外还可根据沼气燃烧时火苗发黄、发红或者有酸味来判断。

调节 pH 值的方法：从进料口加入适量的草木灰或适量的氨水或石灰水等碱性物质，并在出料间取出粪液倒入进料口，同时用长把粪瓢伸入进料口来回搅动。用石灰调节 pH 值时，不能直接加入石灰，只能用石灰水。石灰水的量也不能过多，因为石灰水的浓度过大，它将和池内的二氧化碳结合，而生成碳酸钙沉淀。二氧化碳的量减少过多，会影响沼气产量；采取增温措施，提高池温到 12℃以上。

（3）以前使用好，大出料后重新投料后产气不好。重要是出料时没有注意，破坏了顶口圈或出料后没有及时进料，引起池内壁特别是气箱干裂，或因为内外压力失去平衡而导致池子破裂造成漏水漏气，或出料前就已破裂，而被沉渣糊住而不漏，出料后便漏起来了。外处理办法是：修补好破损处；进料前将池顶洗净擦干，刷纯水泥浆 2～3 遍；凡大出料以后，要及时进料，以防池子干裂并保持池内外压力平衡。在地下水位高的地方，雨季不要大换料。

（4）开始产气很好，大约三四个月以后产气量有明显的下降，进出料口有鼓泡翻气现象。主要是池内发酵原料已经结壳，很难进入气箱，而从出料口翻出去。主要原因是加了部分草料造成的，一般利用纯人、畜粪尿很少出现此种情况。解决办法：安装抽粪器；经常搅拌就可解决了。

（5）原来产气很好，后来明显下降，或陡然不产气。这是：开关或管路接头处松动漏气，或是管道开裂，或是管道被老鼠咬破；活动盖被冲开；沼气池胀裂，漏水漏气；压力表中的水被冲走；用气后忘记关开关或开关关得不严；池内加入了农药等有毒物质，抑制或杀死沼气细菌。处理办法是：先看活动盖上的水是否鼓泡，如不，对池和输气系统分别进行试压、检查，看是否漏气漏水。如找出漏气处进行整修；换掉一部分或大部分旧料，添加新鲜原料。

（6）沼气池内全部进的人畜粪便。前期产气旺盛，过一段时间以后产气逐渐减少。这是因为人畜粪被沼气细菌分解，产气早而快。新鲜人畜粪入池后大约有30～40天的产气高峰期。如进一次料以后不再补充新料，产气就会逐渐减少。所以必须强调猪舍、厕所、沼气池三连通，并与日光温室相连接，保证每天有新鲜原料入池；达到均衡产气；持续供给日光温室用肥。

（7）压力低时，水柱上升快，以后上升越来越慢，到一定高度就不再上升了。其原因是：气箱或输气系统慢跑气，漏气量与压力成正比，压力越高漏气越多。压力低，产气大于漏气，压力表水柱上升，当压力上升到一定高度，产气与漏气相平衡，就不再上升了；进出料管或出料间有漏孔时，当池内压力升高，进出料间液面上升到漏水孔位置，粪水渗漏出池外，使压力不能升高；池墙上部有漏气孔，粪水淹没时不漏气，当沼气把粪水压下去时，便漏气了；粪水淹没进出料管下口上沿太少，当沼气把粪水压至下口上沿时，水封不住沼气，所产的沼气便从进出料口逸出；水压间起始液面过高，当池内产气到一定时候，料液超出水压间而外溢。处理方法是：检查沼气池及进出料间和输气系统是否漏气或漏水，找到漏处进行修整；如发酵料液不够，从进料口加料加水至零压、液面达水箱底；定期出料，始终保持液面不超高。

（8）压力表水柱很高，但气不经用，这是发酵料液过多，气箱容积太小。箱体小而深，压力虽高，但贮气量却少。压力表水柱高低只是标明沼气池内液面与水压间液面之高差，不说明产气多少。要求平时做到勤进料、勤出料。保持零压时，料液面平水箱低或上下处；不能过多过少。如农作物不需要用肥料，就要将料出到贮粪池内，雨水季节不要让雨水流入进料口。要按设计要求修建水压间。

（9）压力表水柱虽高，但一经使用就急剧下降，火力弱，关上开关又回到原处。这种情况是：导气管堵塞，或输气管道转弯处扭折，管壁受压而贴在一起，使沼气难以导出或流通不畅；沼气池与灶具相距太远，所安装的管道内径小，或开关等管件内径小，使沼气沿程压力降增大。只要疏通导气管或整理管道扭曲压瘪的地方，或加大输气管和管件的内孔径即可。

（10）开关打开，压力表水柱上下波动，这是输气系统漏气，且管道内有凝结水的现象，这要对输气系统进行试压检验，查出漏气处，如管道漏气，从漏气处剪断，再用接头连接好；如接头处漏气，则拔出管子，在接头上涂上黄油，再将管道套上并用扎线捆紧；如开关漏气，修不好则应更换新开关；放掉管道内凝结水，并在输气管最低处安装凝水器。

（11）打开开关，压力表水柱上下波动，火力时强时弱。这是由于输气管安装不合理，致使管道内积存冷凝水，沼气流通不畅。安装输气管应向沼气池方向有千分之五的坡度，或在管道最低处（应在猪舍内以防结冰）加装一个凝水器。

（12）从水压间取肥，压力表水柱倒流入输气管。这是由于开关、活动盖未打时，在出料间里出肥过多，池内液面迅速下降，使其出现负压，把压力表内水柱吸入输气管中。因此大出料应在池顶口进行。小出料过多时应将输气管从导气管上拔下来，取完肥仍要安装好管道。或出多少料进多少料，使液面保持平衡，防止出现负压。

（13）压力表水柱被冲掉，这种情况只在U形压力表上出现。这是压力表管道太短，或久不用气使池内产生过高压力。当池内沼气压力大于管道水柱的高差时，沼气便会把管内水柱冲出来。因此安装压力表应按设计压力满足90cm水柱高度，不可太低或太高，压力表上端要安装全瓶，这样压力表既可反映池内压力，又可起到保护作用。

7.4.3　沼气池大出料注意事项

大出料应在夏秋季节，温度高时进行，在春季不宜过早，特别是不宜在冬季进行，环境温度低，沼气池很难重新启动。

大出料前 7～10 天停止进料，准备好新料。

大出料时，应保存 10%以上的料液，作为沼气池重新启动的接种物。

下池出料一定要做好安全防护措施，使进料口、出料口、活动盖口三口通风，或用鼓风的办法迅速地排出池内沼气。有条件的地方，提倡机具出粪，人不下池，既方便又安全。

揭开活动盖时，不要在沼气池周围点火吸烟，禁止使用明火，以防池子爆炸。

大出料时一定要关闭调控净化器上的调控开关，同时打开旁通开关及灶具旋钮开关，以免空气不经调控净化器而直接进入沼气池，消除出料时池内产生的负压，出料后，调控净化器上的调控开关仍须关闭，让沼气直接经旁通开关到灶具燃烧，直到燃烧火焰正常，方可关闭旁通开关，打开调控净化器上的调控开关，然后进行脱硫。

大出料前，沼气池产气使用不正常，或发生有漏水、漏气情况的，应结合大出料进行系统维修，经试水试压，确定合格后方可重新加料启动。

以粪便为主要原料的沼气池，一般不用大出料；以秸秆为主要原料的沼气池发酵残渣应结合农业生产用肥高峰期，每年大出料一次；其他原料和池型应按设计规范要求，确定大出料时间。

推行沼气技术的相关法规与政策 8

8.1 国家相关政策及法规

8.1.1 发展农村沼气的相关法令、法规

《中华人民共和国农业法》第54条规定："各级人民政府应当制定农业资源区划、农业环境保护规划和农村可再生能源发展规划。"

《中华人民共和国节约能源法》第四条规定："国家鼓励开发、利用新能源和可再生能源"；第十一条规定："国务院和省、自治区、直辖市人民政府应当在基本建设、技术改造资金中安排节能资金，用于支持能源的合理开发利用以及新能源和可再生能源的开发。"

《中华人民共和国可再生能源法》第十八条规定："国家鼓励和支持农村地区的可再生能源开发利用。县级以上地方人民政府管理能源工作的部门会同有关部门，根据当地经济社会发展、生态保护和卫生综合治理需要等实际情况，制定农村地区可再生能源发展规划，因地制宜地推广应用沼气等生物质资源转化、户用太阳能、小型风能、小型水能等技术。县级以上人民政府应当对农村地区的可再生能源利用项目提供财政支持。"

《中华人民共和国退耕还林条例》第五十二条规定："地方各级人民政府应当根据实际情况加强沼气、小水电、太阳能、风能等农村能源建设，解决退耕还林者对能源的需求。"

8.1.2 发展农村沼气的有关政策规定

《中共中央国务院关于做好农业和农村工作的意见》（中发［2003］3号）指

出："农村中小型基础设施建设，对直接增加农民收入、改善农村生产生活条件效果显著，要加快发展"，"国家农业基本建设投资和财政支农资金，要继续围绕节水灌溉、人畜饮水、乡村道路、农村沼气、农村水电、草场围栏'六小'工程，扩大投资规模，充实建设内容。要重点支持退耕还林地区发展农村沼气。"

《中共中央国务院关于促进农民增加收入若干政策的意见》（中发［2004］1号）指出，农村沼气等"六小工程"，"对改善农民生产生活条件、带动农民就业、增加农民收入发挥着积极作用，要进一步增加投资规模，充实建设内容，扩大建设范围。"

《中共中央国务院关于进一步加强农村工作提高农业综合生产能力若干政策的意见》（中发［2005］1号）要求"加快农村能源建设步伐，继续推进农村沼气建设。"

《国务院关于做好建设节约型社会近期重点工作的通知》（国发［2005］21号）文件要求"在农村大力发展户用沼气池和大中型畜禽养殖场沼气工程，推广省柴节煤灶。"

十六届五中全会要求"大力普及农村沼气，积极发展适合农村特点的清洁能源。"

《中共中央国务院关于推进社会主义新农村建设的若干意见》（中发［2006］1号）指出：要加快农村能源建设步伐，在适宜地区积极推广沼气。大幅度增加农村沼气建设投资规模，有条件的地方，要加快普及户用沼气，支持养殖场建设大中型沼气。以沼气池建设带动农村改圈、改厕、改厨。

8.1.3 农村沼气项目优惠政策

2003年以来，中央大力支持农村沼气建设。国家从2003年开始对列入农村沼气建设项目村的农户每户中央补助800元，投资规模和支持领域不断拓展，2010年，中央投资52亿元补助建设农村沼气，新增沼气用户320万户，其中大中型沼气工程1000处以上。继续加强沼气服务体系建设，推进后续服务管理提升行动，着力提高沼气使用率和"三沼"利用率，促进农村沼气发展上规模、上水平。2011年，国家将继续支持发展农村沼气，力争年末农村沼气户数达到4325万户，比上年增加325万户。

“十一五”期间，全国适宜地区县级沼气服务覆盖率要力争达到100%，乡村沼气服务的覆盖率要力争达到70%以上，形成上下贯通、左右相连、专群结合、功能齐全、运转高效、服务优质的农村沼气服务体系。沼气池建设、配件更换、进出料、技术指导等管理服务及时有效，初步实现物业化。通过强化服务，使沼气池平均使用寿命达到15年以上，80%以上的沼渣、沼液综合利用。2008年以前，省政府每年拿出3000万元财政资金用于农村沼气建设，从2008年开始增加为6500万元，使户用沼气建设工作在全省全面展开。

8.2 部分省、市、地区沼气政策汇编

8.2.1 山东省沼气政策

山东省2007年出台了《山东省农村可再生能源条例》，并于2008年1月1日起施行。

《山东省农村可再生能源条例》第八条指出，县级以上人民政府应当鼓励科研机构、企业和个人研究开发农用太阳能、小型风能、小型水能技术以及沼气贮运、沼气低温发酵、秸秆发酵沼气、秸秆气化、秸秆固化和炭化等生物质资源转化技术，并给予政策及财政支持。

第十六条落实了沼气推广范围，指出县（市、区）、乡（镇）人民政府应当结合农村村镇规划、生态农业建设、农村改厕防疫等工作，在适宜地区推广农村户用沼气。

县（市、区）农业行政主管部门应当按照国家和省制定的农村户用沼气工程技术标准和规范，为农村居民应用沼气提供技术指导和服务。

8.2.2 四川省沼气建设

四川省成都市和崇州市均根据具体情况制定了相应的沼气激励办法及相关政策。

1. 成都市沼气政策

成都市人民政府印发了《大力推进农村沼气建设的意见》（成府发〔2006〕

62号），明确“十一五”期间全市农村沼气建设的目标任务为：新建农村户用沼气池36万口，到2010年，全市农村户用沼气池总数达到44万口，占适宜建池农户的63.1%。修建大中型养殖场畜禽粪便处理沼气工程450座，养殖场污染得到有效治理。支持农民集中居住区修建净化沼气池2700口，生活污水直排污染环境问题基本得到解决。

2. 崇州市农村户用沼气建设

为了加强四川省成都市级农村沼气建设项目的管理，促进崇州市农村沼气建设又好又快地发展，参照农业部《农村沼气建设国债管理办法（试行）》、《四川省农村小型公益建设户用沼气池项目管理规定（试行）》和《成都市市级农村沼气建设项目管理办法（试行）》，结合崇州实际，崇州市2008年制定实施了《崇州市农村户用沼气建设管理实施办法（试行）》。

8.2.3　海南省农村沼气池建设的补助政策

2008年以前，海南省农村沼气池建设属国债项目。2008年新增拉动内需项目，国家全部按1200元/户的标准进行补助，省、市县各配套1000元/户，中央、省、市县三级财政资金合计3200元/户。

8.2.4　湖北省农村沼气项目管理办法

湖北省农村沼气项目管理办法明确给出了沼气建设内容与补助标准，农村沼气建设内容以“一建三改”为基本单元，沼气池建设与改圈、改厕和改厨同步设计、同步施工。“一建三改”补助对象为项目区建池农户，中央和省级农村沼气项目的统一补助标准为每户1000元，市（州）按每户补助33元、县（市、区）按每户补助167元的标准落实配套资金。因地制宜地推广以沼气为重点的生态家园建设模式，指导建池农户开展沼气综合利用，发挥最大的综合效益。

8.2.5　河北省沼气建设

河北省为加强沼气工程建设的监督管理，规范建设行为，确保工程建设质量，保障安全运行，促进沼气事业健康发展，依据《中华人民共和国可再生能源法》、《河北省新能源开发利用管理条例》制定了《河北省沼气工程建设管理办法

(试行)》。办法规定凡在河北省范围内从事沼气工程设计、施工、监理和运行的单位和个人均应遵守本办法。

8.2.6 山西省农村沼气建设管理办法

山西省文水县根据《山西省农村沼气建设项目管理细则》制定了《文水县农村沼气建设管理办法》，平遥县根据农业部《农村沼气国债项目管理办法》，结合平遥县实际情况制定了《平遥县农村户用沼气建设管理办法》。

1. 山西省文水县农村沼气建设管理办法

该管理办法给出了农村沼气建设补助原则：

第十条 对于经上级批复的沼气建设国债项目，按项目补助标准以“一池三改”基本建设单元补助沼气用户。国家补助资金主要用于购置水泥等主要建材，沼气灶具及配件等关键设备，支付设计、安装、调试费用及施工技术人员工资等。

第十一条 对于经县环能环保站规划审批，但不属于农村沼气建设国债项目的，本县财政给予补助的，按当地政府有关规定执行。

第十二条 农村沼气建设国债项目，技术人员设计、安装、调试费用及施工技术人员工资，在沼气用户办理有关确认手续后，由县环能环保站直接支付。

第十三条 对于养殖大户与沼气用户签订沼气发酵原料供给合同的，在双方协商一致同意并由沼气用户办理有关领取补助手续的基础上，可将“一池三改”沼气建设的部分补助直接发放给养殖大户。

2. 平遥县农村户用沼气建设管理办法

平遥县农村户用沼气建设管理办法中首先统一了思想认识，它强调了农村户用沼气建设是社会主义新农村建设的重要内容之一，是党和政府为广大农民办的一件实事。通过农村沼气的建设，逐步改变农村能源结构，改善农村环境卫生，提高农民生活质量，增加农户经济收入。如何搞好这项民心工程、德政工程，首先必须解决好思想认识问题，尤其是各级主要领导的思想认识问题。几年来的实践证明，凡是当地主要领导对农村沼气认识高，这个乡镇、这个村的沼气建设工作就能顺利推广开，并取得好的成效，老百姓就能得到实惠。解决了领导班子的思想认识，还需一个有技术、能热情为广大农民服务的带头人，所以各乡村要慎重选好沼气建设负责人，这是搞好农村民沼气建设的关键。

其次，管理办法明确规定了沼气建设过程中的组织实施、信息管理、督导检查、培训指导、资金管理、物资管理、档案管理以及检查验收等具体环节，确保沼气建设落到实处，真正解决民生问题。

结　语　9

发展农村沼气，是贯彻落实科学发展观，建设节约型社会和环境友好型社会的重要措施，是全面建设小康社会、推进社会主义新农村建设的重要手段，是构建和谐农村的有效途径。

1. 农村办沼气是解决农村燃料问题的重要途径之一

一户3～4口人的家庭，修建一口容积为$6m^3$左右的沼气池，只要发酵原料充足，并管理得好，就能解决点灯、煮饭的燃料问题。凡是沼气办得好的地方，农户的卫生状况及居住环境大有改观，尤其是广大农妇通过使用沼气，从烟熏火燎的传统炊事方式中解脱出来。办沼气也有利于保护林草资源，促进植树造林的发展，减少水土流失，改善农业生态环境。

2. 农村办沼气可以改变农业生产条件，促进农业生产发展

（1）增加肥料。过去被烧掉的大量农作物秸秆和畜禽粪便加入沼气池密闭发酵，既能产气，又沤制成了优质的有机肥料，扩大了有机肥料的来源。同时，人畜粪便、秸秆等经过沼气池密闭发酵，提高了肥效，消灭寄生虫卵等危害人们健康的病原菌。沼气办得好，有机肥料能成倍增加，粮食、蔬菜、瓜果连年增产，同时产品的质量也大大提高，生产成本下降。

（2）增强作物抗旱、防冻能力，生产绿色食品。凡是施用沼肥的作物均增强了抗旱防冻的能力，提高秧苗的成活率。由于人畜粪便及秸秆经过密闭发酵后，在产生沼气的同时，还产生一定量的沼肥，沼肥中因存留丰富的氨基酸B族维生素、各种水解酶、某些植物激素和对病虫害有明显抑制作用的物质，所以是各类农作物、花卉、果树、蔬菜等的优良有机肥料，对各类作物均具有促进生产、增产、抗寒、抗病虫之功能。施用沼肥不但节省化肥、农药的喷施量，也有利于生产绿色食品。

（3）农村办沼气，有利于保护生态环境，加快实现农业现代化。用沼气作动

力燃料，开动柴油机（或汽油机）用于抽水、发电、打米、磨面、粉碎饲料等，效益十分显著，深受农民欢迎。柴油机使用沼气的节油率一般为70%～80%。用沼气作动力燃料，清洁无污染，制取方便，成本又低，既能为国家节省石油制品，又能降低作业成本，为实现农业现代化开辟了新的动力资源，是农村一项重要的能源建设。

（4）农村办沼气就是搞好人畜粪便管理，改善农村卫生环境，是消灭血吸虫病、钩虫病等寄生虫病的一项关键措施。建起沼气池后，人、畜粪便都投入到沼气池密闭发酵，粪便中寄生虫卵可以减少95%左右，农民居住的环境卫生大有改观，控制和消灭寄生虫病，为搞好农村除害灭菌工作找到了一条新的途径。

（5）保护林草植被，巩固生态环境建设成果。农村生活能源短缺，一方面制约着农村经济发展，另一方面导致了滥砍乱伐，植被破坏，许多地区陷入“能源短缺一滥砍乱伐一生态破坏一能源短缺”的循环。国家投巨资实施退耕还林、退牧还草等生态建设工程，成效显著，但农村燃料和农民长远生计问题已成为巩固生态环境建设成果的重要制约因素，迫切需要解决农民“没有柴烧就砍树，没有钱花就放牧”的问题，为农民提供可替代的能源。

农村沼气将人畜粪便等废弃物在沼气池中变废为宝，产生的沼气成为农民照明、做饭的燃料，为农村提供生活用能，解决了“没有柴烧就砍树”的问题，也使贫困地区农民告别了上山打柴的状况，昔日烟熏火燎的老式柴灶被洁净的厨房取代。一个户用沼气池所生产的沼气，每年平均可替代薪柴和秸秆1.5t左右，相当于3.5亩林地的年生物蓄积量，同时还可减少2t二氧化碳的排放。2005年1800万户应用沼气池，约相当于保护了6300万亩林地。农村沼气建设涵养绿水青山，建设沼气的地区，山更绿，水更清，是保护生态环境的有效途径。

（6）农村办沼气，推动了农村科学技术普及工作的发展，生动地显示出科学技术对提高生产力的巨大作用。

沼气生态农业技术是依据生态学原理，以沼气建设为纽带，将畜牧业、种植业等科学、合理地结合在一起，通过优化整体农业资源，使农业生态系统内做到能量多级利用，物质良性循环，达到高产、优质、高效、低耗的目的，是一项可持续农业技术。

综上所述，一个新型高效沼气池，相当于一个家庭清洁能源制造中心，一个小型养殖场，一个有机肥生产车间，一个庭院粪污净化器，一棵摇钱树，通过它既可以为 3～5 口人的农家，生产一日三餐的炊事燃料和晚间照明燃料，又可以为农家生产庭园种植的优质高效有机肥料，还可以处理和净化庭院污染物，改变庭院“脏、乱、差”的卫生面貌，同时，通过和农业主导产业相结合，进行沼气的综合利用，可以提高农产品的产量和质量，增加农民收入，引导农民脱贫致富奔小康，促进农村现代化进程。

参 考 文 献

[1] 左然，施明恒，王希麟．可再生能源概论[M]．北京：机械工业出版社，2007.

[2] 周孟津，张榕林，蔺金印．沼气实用技术[M]．第2版．北京：化学工业出版社，2009.

[3] 徐忠东．关于开发生物能源的研究[J]．安徽农业科学，2005.33(12)：2470～2471，2476.

[4] 宋洪川．农村沼气实用技术[M]．北京：化学工业出版社，2010.

[5] 赵立欣，董保成等．大中型沼气工程技术[M]．北京：化学工业出版社，2008.

[6] 施俊．农村户用沼气与综合利用[M]．北京：中国农业科学技术出版社，2005.

[7] 王飞，王革华．"四位一体"户用沼气工程建设对农民种植行为影响的计量经济学分析，农业工程学报，2006.22(03)：116～120.

[8] 刘叶志．农村户用沼气综合利用的经济效益评价[N]．中国农学通报，2009.25(01)：264～267.

[9] 陈豫，杨改河，冯永忠，任广鑫．"三位一体"沼气生态模式区域适宜性评价指标体系[N]．农业工程学报，2009.25(03)：174～178.

[10] 王亚芳．农村沼气产业现状分析[J]．农业科技与信息，2009(05)：56，60.

[11] 张嘉强．西部户用沼气发展现状及潜力评估[J]，农业技术经济，2008(05)：103～109.

[12] 杨殿林，朱能敏，庞凤梅，修伟明，赖欣，刘红梅，李刚．华北农村户用沼气发展现状与对策研究[C]，2008中国农村生物质能源国际研讨会暨东盟与中日韩生物质能源论坛论文集 2008：303～310.

[13] 刘叶志，余飞虹．户用沼气利用的能源替代效益评价[N]．内蒙古农业大学学报(社会科学版)，2009.11(43)：105～107.

[14] 杨戈．我国农村沼气的开发与管理[J]．农业科技与装备，2009.1(181)：73～75.

[15] 林宗虎，生物质能的利用现况及展望[J]，自然杂志，2010.32(4)：196～201.

[16] 李景明．中国生物质能发展现状与前景展望[J]，中国科技成果，2010(10)：4～6.